FORSCHUNGSBERICHTE DES LANDES NORDRHEIN-WESTFALEN

Nr. 1285

Herausgegeben
im Auftrage des Ministerpräsidenten Dr. Franz Meyers
von Staatssekretär Professor Dr. h. c. Dr. E. h. Leo Brandt

DK 648.24.001.5:66–93

Dipl.-Ing. Herbert Schmidt

Wäschereiforschung e. V., Krefeld

Theorie und Praxis des diskontinuierlichen und kontinuierlichen Spülens

WESTDEUTSCHER VERLAG · KÖLN UND OPLADEN 1964

ISBN 978-3-663-06419-0 ISBN 978-3-663-07332-1 (eBook)
DOI 10.1007/978-3-663-07332-1

Verlags-Nr. 011285

Gesamtherstellung: Westdeutscher Verlag

Inhalt

I. Allgemeine Betrachtung über das Spülen von Wäsche

Das Spülen der Wäsche hat die Aufgabe, die Textilien – nach dem Waschen – von Waschmitteln, Schmutzteilchen, Ausfällungen und Faserresten zu befreien. Diese Substanzen sind in gelöster und ungelöster Form in der Flüssigkeit vorhanden, die die Textilien im wesentlichen durch Kapillarkräfte festhalten. Das Problem besteht nun darin, diese mehr oder weniger konzentrierte Flüssigkeit mit »*reiner*« Flüssigkeit zu durchmischen und dadurch eine Verdünnung zu erreichen. Da nun die Gesamtflüssigkeitsmenge größer ist als die von der Wäsche festhaltbare, kann der überschüssige Teil abgelassen werden und nimmt so einen Teil der ausspülbaren Substanzen mit. Dieser Vorgang wird nun so lange wiederholt, bis die Konzentration einen Wert erreicht hat, der für das Aussehen und die Benutzung der Wäsche unbedenklich ist. Die Zugabe von reiner und das Ablassen von angereicherter Flüssigkeit kann hintereinander schrittweise (diskontinuierlich) oder gleichzeitig (kontinuierlich) erfolgen. Der Verdünnungsvorgang wird sowohl von der zugegebenen Frischwassermenge als auch von der jeweils in der Wäsche zurückbleibenden Flüssigkeitsmenge beeinflußt. Letztere beträgt beim diskontinuierlichen Spülen von Baumwoll- und Zellwollwäsche ca. 300%, bezogen auf das Lufttrockengewicht der Faser. Es ist zwar möglich, die Flüssigkeitsmenge (z. B. durch Ausschleudern) bis auf ca. 50% zu senken; dadurch können aber nur gelöste Substanzen schneller entfernt werden; nicht gelöste werden durch Filterwirkung der Wäsche zurückgehalten. Aus diesem Grund wird dieses Verfahren nicht in die folgenden Betrachtungen und Untersuchungen einbezogen. Chemische Reaktionen, wie sie bei der Anwendung von Hartwasser und schwachen Säuren auftreten und das Spülergebnis beeinflussen können, werden nicht berücksichtigt.

Eventuell auftretende Temperatureinflüsse sind ebenfalls außer acht gelassen.

II. Theorie des Spülens als Verdünnungsproblem

Die theoretische Behandlung des Spülproblems ist nicht neu. Unter anderem ist eine Arbeit über diskontinuierliches Spülen von Herrn KÖHLER, Schweden, bekannt, der etwa die gleichen Überlegungen anstellte und die gleichen Ergebnisse erhalten hat. Darüber hinaus wurde versucht, auch das kontinuierliche Spülen in die Theorie einzubeziehen. Die diskontinuierliche oder kontinuierliche Verdünnung einer Flüssigkeit, die irgendwelche Stoffe gelöst oder in gleichmäßiger Verteilung enthält, verläuft mathematisch nach einer geometrischen Reihe, vorausgesetzt, daß der Verdünnungsquotient (Verdünnungsverhältnis) konstant ist.

Das ist dann der Fall, wenn beim diskontinuierlichen Spülen mit gleicher Flotte und beim kontinuierlichen Spülen mit gleichem Flottenstand und gleicher Spülstromstärke gearbeitet wird. Darüber hinaus kann der Spülprozeß jedoch auch für verschiedene Spülintervalle, die unter sich verschiedene Quotienten haben, theoretisch behandelt werden. Der Konzentrationsverlauf der Spülflotte läßt sich in Abhängigkeit von der Spüldauer durch eine Exponentialfunktion ausdrücken. Es wird zunächst vorausgesetzt, daß der Konzentrationsausgleich zwischen Frischwasser und der zu verdünnenden Flotte in der Wäsche vollkommen ist. Weiter wird vorausgesetzt, daß das zum Spülen verwendete Frischwasser die Konzentration 0 g/l hat. Dann ergibt sich folgende Gleichung (s. Abb. 1):

$$k_{n_1} = k_a \cdot q^n$$

k_{n_1} = (g/l) Konzentration nach n Spülminuten
k_a = (g/l) Konzentration der Waschlauge im letzten Waschbad (Anfangskonzentration)
n = Anzahl der Spülgänge bzw. Spülminuten
q = Verdünnungsquotient
$= \frac{F_1}{F}$ für diskontinuierliches Spülen
$= \frac{F}{F+S}$ für kontinuierliches Spülen
F_1 = (l/kg) Restflotte nach Laugenablaß (tropfnaß) je kg Wäsche lfttr.
F = (l/kg) Spülflotte " " " "
S = (l/kg min) Spülstromstärke " " " "

Der Verdünnungsquotient für das kontinuierliche Spülen ergibt sich aus der Überlegung, daß man von einem diskontinuierlichen Spülen mit kleinen Intervallen sprechen kann, wobei in kleinen Zeitabständen kleine Wassermengen zu- und abfließen, ohne daß die in der Maschine befindliche freie Flotte abgelassen wird.

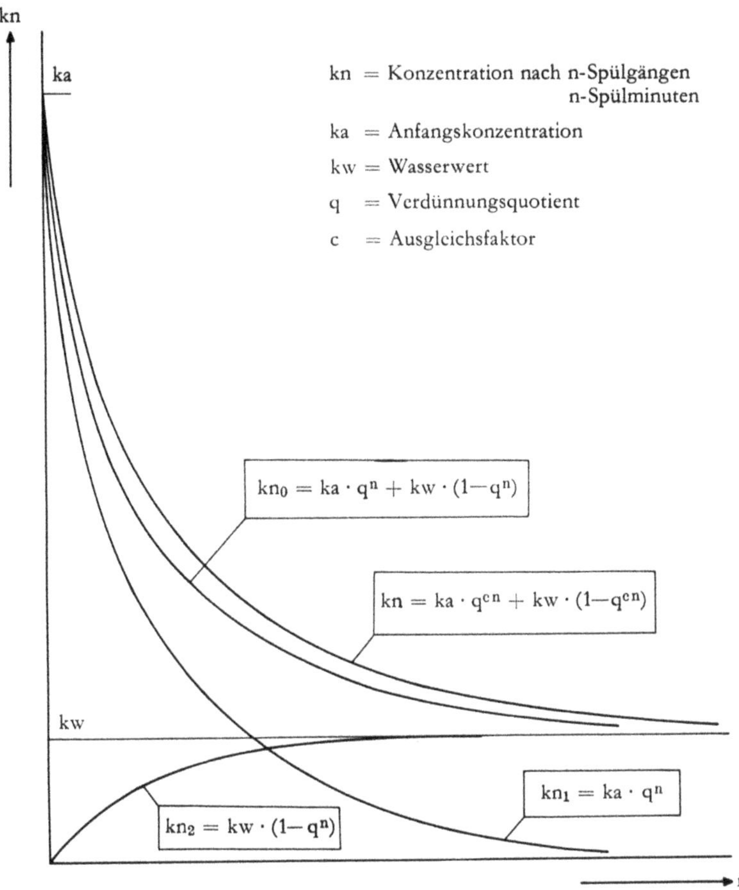

Abb. 1 Theoretische Laugenverdünnung als Funktion der Spüldauer

Wie die obige Gleichung zeigt, hängt der Konzentrationsverlauf von der Anfangskonzentration und dem Verdünnungsquotienten ab, der seinerseits von der Restflotte nach Laugenablaß, der Spülflotte und von der Spülstromstärke abhängt.

Verwendet man ein Frischwasser, das eine bestimmte Konzentration mitbringt, z. B. Weichwasser, und nimmt an, daß die in der Wäsche gebundene Flotte die Konzentration 0 g/l hat, dann wird sich ein Konzentrationsverlauf einstellen, der folgender Gleichung entspricht:

$$k_{n_2} = k_w \cdot (1 - q^n) \qquad (2)$$

$k_w =$ (g/l) Konzentration des Frischwassers (Wasserwert)

Die Gl. (1) und (2) addiert, ergibt den Konzentrationsverlauf unter dem Einfluß einer bestimmten Frischwasserkonzentration.

$$k_{n_0} = k_a \cdot q^n + k_w \cdot (1 - q^n) \qquad (3)$$

In der Praxis kann nun der Fall eintreten, daß der Konzentrationsausgleich nicht erreicht wird, sei es, daß beim diskontinuierlichen Spülen die Laufzeit einzelner Spülgänge zu kurz gewählt wurde oder beim kontinuierlichen Spülen der Spülwasserstrom nur ungenügend durch die Wäschefüllung fließt. Dann läßt sich in Gl. (3) ein Ausgleichsfaktor c einführen. Damit ergibt sich folgende Gleichung:

$$k_n = k_a \cdot q^{c \cdot n} + k_w \cdot (1 - q^{c \cdot n}) \tag{4}$$

Der Ausgleichsfaktor ist das Verhältnis:

$$c = \frac{\text{Spüldauer bei vollständigem Ausgleich}}{\text{Spüldauer bei unvollständigem Ausgleich}}$$

Er liegt, je nach Spülart und Mischmechanik, bei 0,5–0,9.

Die Abb. 2 gibt einen Überblick über den Konzentrationsverlauf mit dem Ausgleichsfaktor c = 1 bei verschiedenen Verdünnungsquotienten. Da die praktischen Untersuchungen auf der Verdünnung von Soda beruhen, wurden die

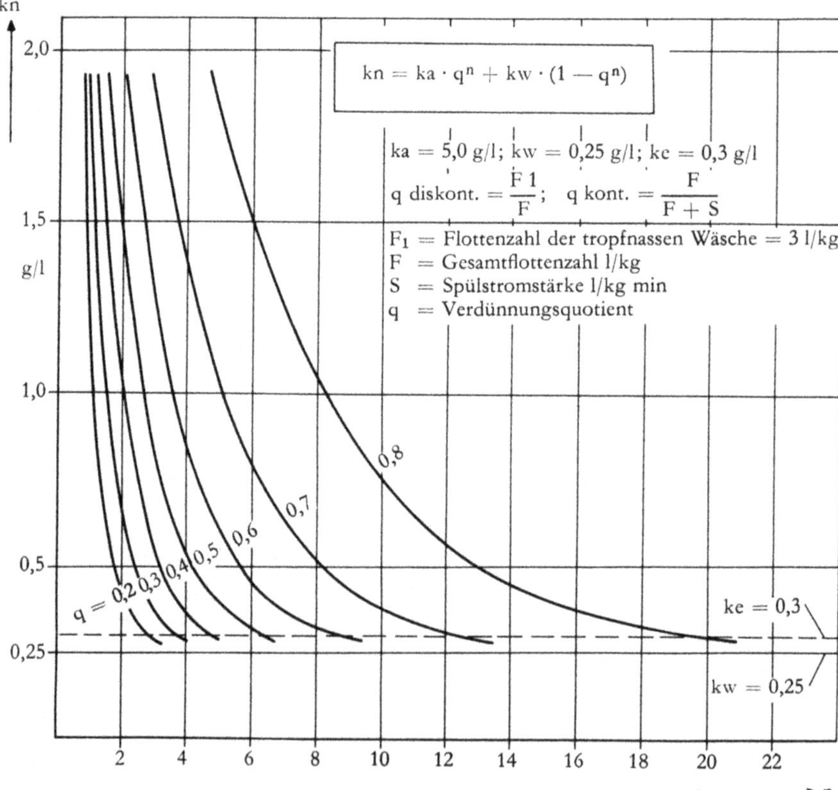

Abb. 2 Theoretische Laugenverdünnung bei diskontinuierlichem und kontinuierlichem Spülen in Abhängigkeit von der Anzahl der Spülgänge bzw. Spülminuten bei verschiedenem Verdünnungsquotient

theoretischen Betrachtungen ebenfalls auf Soda-Alkalität bezogen. Die Ausgangskonzentration wurde mit $k_a = 5$ g/l Soda-Alkalität und der Wasserwert mit $k_w = 0{,}25$ g/l angenommen.

Man erkennt, daß die Konzentrationen mit der Spüldauer zunächst sehr steil abfällt. Die Kurve wird jedoch immer flacher und nähert sich der Endkonzentration nur sehr zögernd, d. h. hohe Konzentrationen werden sehr schnell abgebaut, während für den Abbau niederer Konzentrationen ein großer Aufwand an Zeit und Wasser getrieben werden muß. Maßgebenden Anteil an der Spüldauer hat der Verdünnungsquotient. Er kann zwischen 0 und 1 variieren, wobei die Spüldauer zunimmt. Wichtig ist die Tatsache, daß die Zunahme nicht linear ist und sich mit zunehmendem q vergrößert.

Alle Kurven nähern sich dem Wasserwert mit zunehmender Spüldauer, erreichen ihn theoretisch aber erst im ∞. In der Praxis genügt es aber, wenn die Endkonzentration etwas über dem Wasserwert liegt. Im praktischen Teil dieser Untersuchung wurde festgestellt, daß eine Restalkalität von $k_e = 0{,}3$ g/l im Schleuderwasser, bei Verwendung von Weichwasser, im allgemeinen keine Gefahr des Vergilbens der Wäsche mehr darstellt. Deshalb wurde dieser Wert als Endkonzentration eingesetzt. Der Schnittpunkt der Kurven mit diesem Wert ergibt dann die Spüldauer.

Natürlich läßt sich die Spüldauer auch berechnen, indem man Gl. (4) nach n auflöst.

$$n = \frac{\lg \dfrac{k_e - k_w}{k_a - k_w}}{c \cdot \lg q} \qquad (5)$$

Damit ist es möglich, für gegebene Ausgangskonzentration, Endkonzentration, Wasserwert, Ausgleichsfaktor und Verdünnungsquotienten die zugehörige Spüldauer zu berechnen.

Außer der Spüldauer interessiert auch der Spülwasserverbrauch. Er errechnet sich für diskontinuierliches Spülen aus:

$$W = (F - F_1) \cdot n \text{ (l/kg)} \qquad (6)$$

und kontinuierliches Spülen aus:

$$W = S \cdot n \text{ (l/kg)} \qquad (7)$$

In den Diagrammen Abb. 3–6 wird nun unter Benutzung obiger Formeln dargestellt, wie Spüldauer und Wasserverbrauch beeinflußt werden, wenn sich Flottenzahl, Spülstromstärke, Ausgangskonzentration und Ausgleichsfaktor verändern.

Die Abb. 3 zeigt für diskontinuierliches Spülen, daß die Spüldauer mit zunehmender Flottenzahl abnimmt und der Wasserverbrauch ansteigt. Es fällt auf, daß Flottenzahlen über 8 l/kg nur noch geringe Verkürzung der Spüldauer bringen, während der Wasserverbrauch noch stark ansteigt. Die Höhe der Ausgangskonzentration spielt ebenfalls eine Rolle; allerdings ist ihr Einfluß im Bereich hoher Konzentration geringer als im Bereich niederer Konzentration. Deshalb werden Schwankungen bei hoher Konzentration kaum ins Gewicht fallen, während

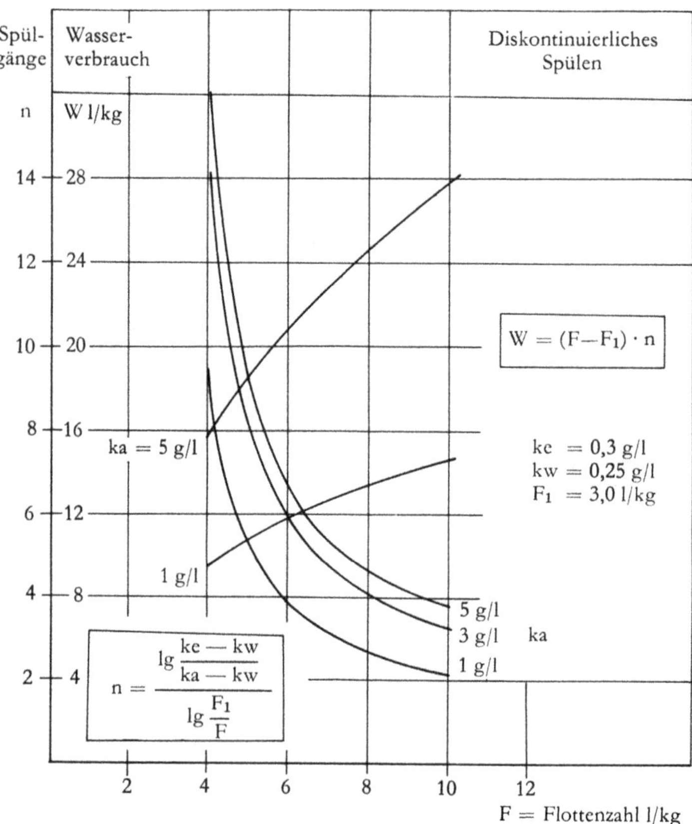

Abb. 3 Anzahl der Spülgänge und Wasserverbrauch in Abhängigkeit von der Flottenzahl bei verschiedener Ausgangskonzentration

solche bei niederer Konzentration einen Unterschied von einem Spülgang bedeuten können.

Die Abb. 4 gibt einen Überblick über den Einfluß des Ausgleichsfaktors auf Spüldauer und Wasserverbrauch. Die Ausgangskonzentration wurde mit 5 g/l angenommen.

Der Konzentrationsausgleich zwischen Frischwasser und der an die Wäsche gebundenen Flotte hängt im wesentlichen von der Mischmechanik ab. So kann es also vorkommen, daß die jeweils erforderliche Ausgleichszeit unterschritten wird. Die Folge davon ist ein Ausgleichsfaktor, der unter 1 liegt. Eine geringe Unterschreitung (bis ca. 0,8) hat keinen nennenswerten Einfluß auf Spüldauer und Wasserverbrauch. Die weitere Verschlechterung des Ausgleichs wirkt sich jedoch zunehmend negativ aus.

Das kontinuierliche Spülen zeigt einen ähnlichen Konzentrationsverlauf in Abhängigkeit von der Spülstromstärke, d. h. je höher die Stromstärke, desto geringer ist die Spülzeit. Der Wasserverbrauch hat die umgekehrte Tendenz.

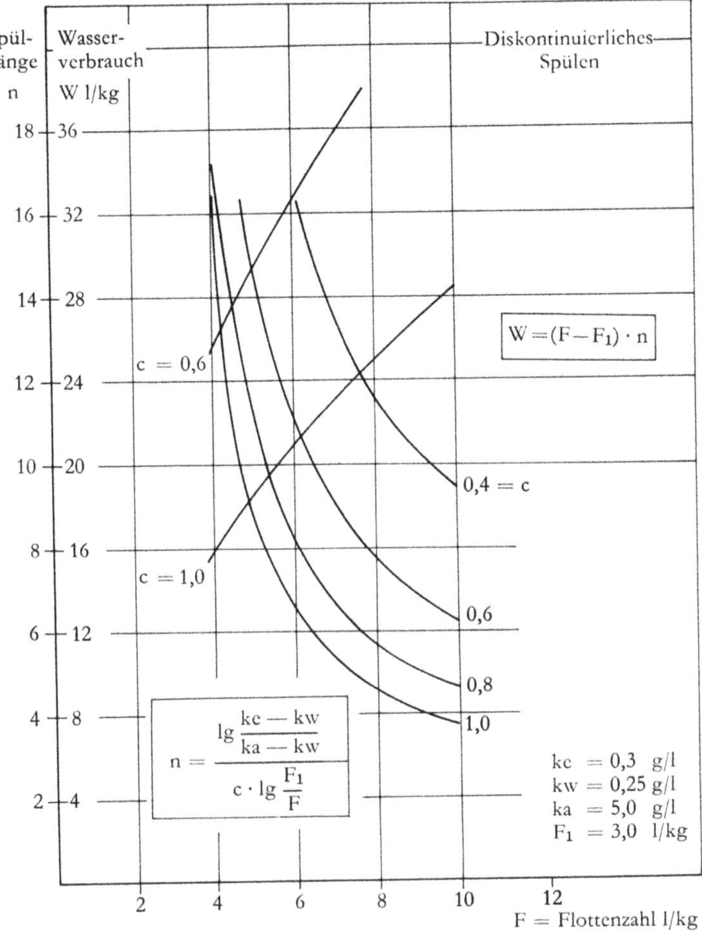

Abb. 4 Anzahl der Spülgänge und Wasserverbrauch in Abhängigkeit von der Flottenzahl bei verschiedenem Ausgleichsfaktor

Die Abb. 5 zeigt Spülzeit und Wasserverbrauch in Abhängigkeit von der Spülstromstärke bei verschiedener Spülflottenzahl. Die Ausgangskonzentration beträgt 5 g/l; die Waschflotte 5 l/kg. Vor Beginn des Spülprozesses erfolgt kein Laugenablaß. Der Ausgleichsfaktor wurde $c = 1$ angenommen.

Bemerkenswert ist die Tatsache, daß die Spülzeit mit der Flottenzahl zunimmt. Bei diskontinuierlichem Spülen war es umgekehrt. Wie schon erwähnt, kann man das kontinuierliche Spülen als diskontinuierlich mit kleinen Intervallen auffassen, wobei der Flottenstand erhalten bleibt. Maßgebend für den Konzentrationsabbau ist das Verhältnis der pro Zeiteinheit zufließenden Wassermenge zur Flottenmenge in der Maschine, das um so günstiger wird, je größer die Flottenmenge ist.

Der Einfluß der Anfangskonzentration auf Spülzeit und Wasserverbrauch ist der gleiche wie beim diskontinuierlichen Spülen. Die Höhe der Anfangskonzentration

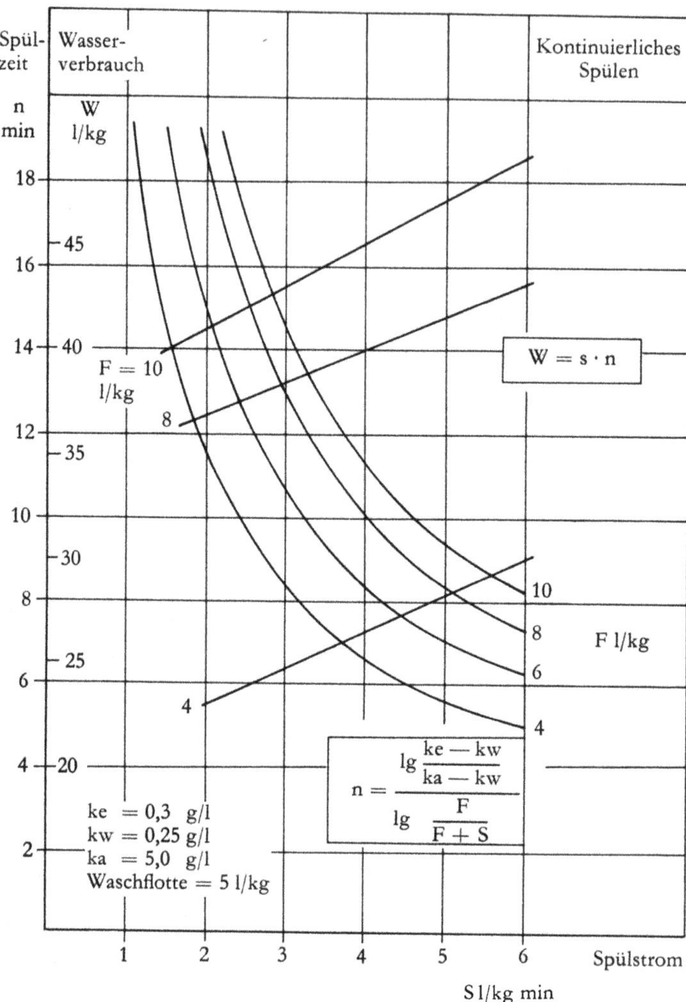

Abb. 5 Spülzeit und Wasserverbrauch in Abhängigkeit der Spülstromstärke bei verschiedener Spülflottenzahl

richtet sich danach, wieviel Flotte sich zu Spülbeginn im Verhältnis zur Spülflotte in der Maschine befindet.

Die Abb. 6 demonstriert den Einfluß des Ausgleichsfaktors auf die Spülzeit und den Wasserverbrauch. Die Ausgangskonzentration betrug 5 g/l; die Waschflotte 6 l/kg. Ein grundsätzlicher Unterschied zum diskontinuierlichen Spülen besteht nicht.

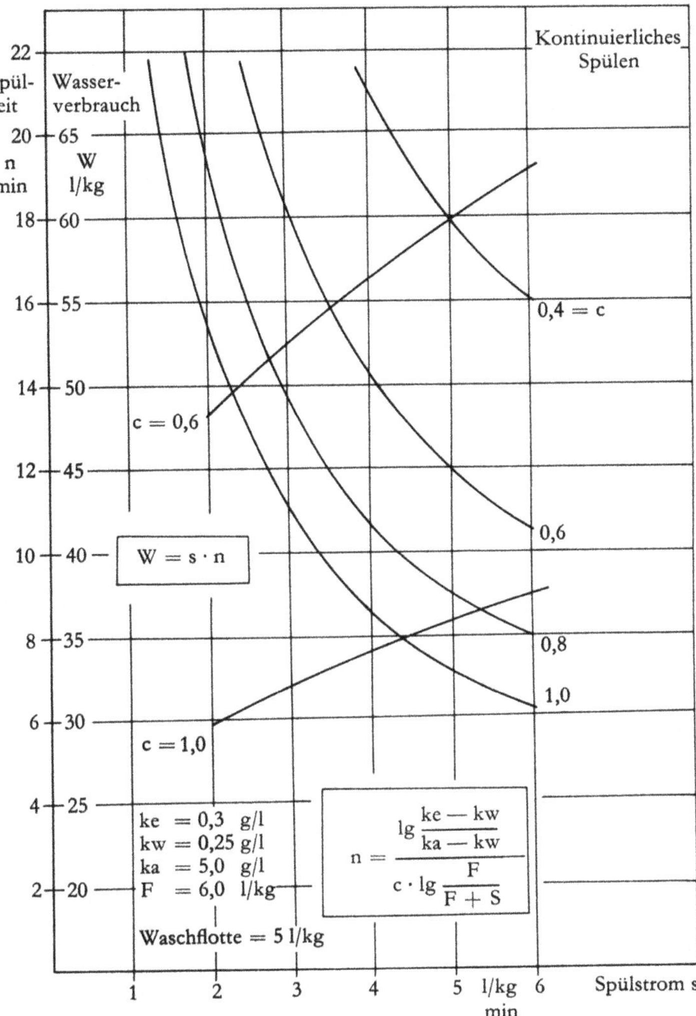

Abb. 6 Spülzeit und Wasserverbrauch in Abhängigkeit von der Spülstromstärke bei verschiedenem Ausgleichsfaktor

III. Praktische Untersuchung in einer Trommelwaschmaschine

Da sich die praktischen Spülergebnisse nur dadurch von den theoretischen unterscheiden, daß der Konzentrationsausgleich nicht vollständig erreicht wird, bestand die Aufgabe darin, festzustellen, welche Ausgleichsfaktoren unter verschiedenen mechanischen Bedingungen erreicht werden.

Bei diskontinuierlichem Spülen ist es möglich, die Zeit zu messen, die notwendig ist, um in den einzelnen Spülgängen den Konzentrationsausgleich zu erzielen. Wie Vorversuche zeigten, ist die Ausgleichszeit praktisch nicht vom Konzentrationsgefälle abhängig. Außerdem war es gleichgültig, ob die Konzentration des Spülwassers oder die des Schleuderwassers verfolgt wurde. Der Einfachheit halber erfolgte die Messung des Spülwassers.

Die gesamte Spülzeit ergibt sich dann aus Anzahl der Spülgänge (n), nach Gl. (5) ($c = 1$), der Ausgleichszeit (t_1) und der Zeit für den Laugenwechsel (t):

$$T = (t + t_1) \cdot n \text{ (min)} \tag{8}$$

Die Zeit für den Laugenwechsel wurde mit $t = 1$ min angenommen.

Bei kontinuierlichem Spülen wurde der Ausgleichsfaktor bestimmt, indem nach einer bestimmten Spülzeit ($n = 5$ min) der Füllung mehrere Wäschestücke entnommen und geschleudert wurden. Aus der gemessenen Konzentration (k_n) des Schleuderwassers ergab sich der Ausgleichsfaktor nach folgender Gleichung:

$$c = \frac{\lg \dfrac{k_n - k_w}{k_a - k_w}}{n \cdot \lg q} \tag{9}$$

Da angenommen werden kann, daß sich der Ausgleichsfaktor während des ganzen Spülvorganges nicht ändert, errechnet sich die erforderliche Spülzeit nach Gl. (5).

A. Diskontinuierliches Spülen

1. Versuchsbedingungen

Die Untersuchungen wurden an einer Trommelwaschmaschine durchgeführt, die folgende technische Daten hatte:

Innentrommel	750 ⌀ × 400 mm
Außentrommel	850 ⌀ × 450 mm
Abstand Innentrommel–Außentrommel	50 mm

Mantellochung	15% freie Lochfläche
Rippenzahl	3
Rippenhöhe	110 mm = 15%
Rippenform	Trapez-Flankenwinkel 40°
Reversierung	3/8 sec
Umfangsgeschwindigkeit	variabel

Die Versuchswäsche bestand zu ca. 80% aus Oberhemden (Baumwolle und Zellwolle). Der Rest war Baumwollwäsche in verschiedener Größe.
Oberhemden sind bekanntlich schwer ausspülbar, da sie viel mehrlagige Partien enthalten, die z. T. noch fest vernäht sind und deshalb Waschmittel besonders hartnäckig festhalten. Die Wäsche wurde jeweils vor dem Spülversuch mit einer Sodalösung (Weichwasser) getränkt, und zwar mit einer Alkalikonzentration von ca. 5 g/l. Die Tränkung erfolgte bei laufender Maschine über einen Zeitraum von ca. 20 min. Die Temperatur betrug ca. 16°C. Das anschließende Spülen erfolgte mit Weichwasser bei der gleichen Temperatur. Die Konzentrationsmessung erfolgte durch Titration des Spül- bzw. Schleuderwassers mit Salzsäure.

2. *Versuchsergebnisse*

Aus den vielen Faktoren, die den mechanischen Mischvorgang in der Trommelwaschmaschine beeinflussen können, wurden einige herausgegriffen, die in erster Linie wichtig erschienen.
Die Abb. 7 zeigt die Ausgleichszeit in Abhängigkeit von der Umfangsgeschwindigkeit. Die Füllzahl betrug 14 l/kg, die Flottenzahl 8 l/kg. Auffallenderweise

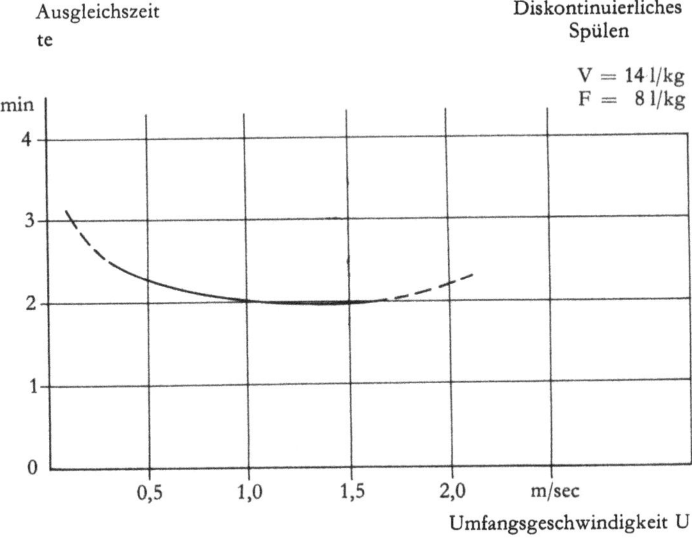

Abb. 7 Ausgleichszeit in Abhängigkeit von der Trommelumfangsgeschwindigkeit

konnte praktisch kein Unterschied in einem Geschwindigkeitsbereich von 0,28–1,6 m/sec festgestellt werden. Die Erklärung dürfte darin zu suchen sein, daß schon bei niedriger Umfangsgeschwindigkeit eine ausreichende Durchflutung erreicht wird. Eine Steigerung der Umfangsgeschwindigkeit bringt dann nur noch eine geringe Verkürzung der Ausgleichszeit, die in der Nähe des Schleuderzustandes und darüber hinaus wieder ansteigt.

Die Abb. 8 gibt einen Überblick über die Ausgleichszeit in Abhängigkeit von der Flottenzahl bei verschiedener Füllzahl. Die Trommelumfangsgeschwindigkeit betrug 1 m/sec. Die Ausgleichszeit steigt mit abnehmender Flottenzahl an; bei kleiner Füllzahl jedoch stärker als bei großer. Außerdem nimmt die Ausgleichszeit mit abnehmender Füllzahl zu. Die Spülbedingungen werden also um so ungünstiger, je kleiner Füllzahl und Flottenzahl sind, d. h. wenn Überladung mit wenig Flotte gepaart ist.

Unter üblichen Bedingungen, z. B. V = 14 l/kg, F = 8 l/kg, wurden bei der untersuchten Trommel Ausgleichszeiten von 2 bis 2,5 min festgestellt.

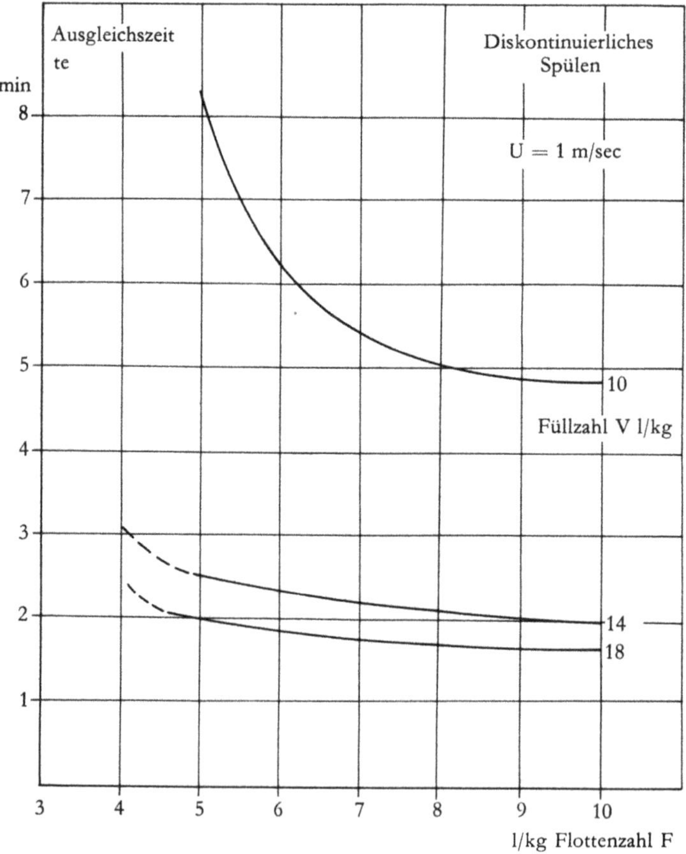

Abb. 8 Ausgleichszeit in Abhängigkeit von der Flottenzahl bei verschiedener Füllzahl

Sie können unter ungünstigen Bedingungen auf das Dreifache ansteigen. Das kann in der Praxis dazu führen, daß oft zu kurz gespült und deshalb der Ausgleich nicht erreicht wird. Als Folge davon muß mit mehr Spülgängen gearbeitet werden. Die Gesamtspülzeit setzt sich, wie schon gesagt, aus Ausgleichszeit, Zeit für Laugenwechsel und Anzahl der Spülgänge zusammen und ist in Abb. 9 in Abhängigkeit von der Flottenzahl, bei verschiedener Füllzahl, dargestellt. Außerdem ist der Wasserverbrauch aufgetragen. Die Umfangsgeschwindigkeit betrug 1 m/sec, die Anfangsalkalität 5 g/l. Der Vollständigkeit halber wurde auch die theoretische Spülzeit eingezeichnet, die nur die Zeit der Laugenwechsel erfaßt, da die Ausgleichszeit 0 ist. Die Spülzeit steigt mit abnehmender Flottenzahl zunehmend an.

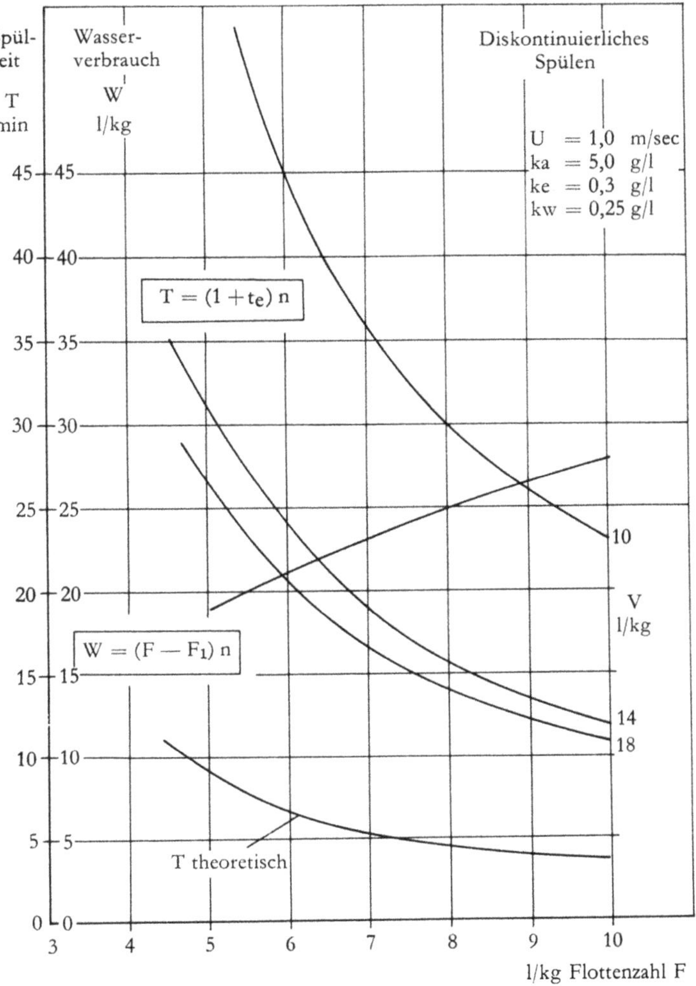

Abb. 9 Spülzeit und Wasserverbrauch in Abhängigkeit von der Flottenzahl bei verschiedener Füllzahl

Füllzahlen unter ca. 14 l/kg lassen eine deutlich höhere Spülzeit erkennen, die u. U. für die Praxis nicht mehr tragbar ist. Der Wasserverbrauch steigt mit der Flottenzahl an, wird aber nicht durch die Ausgleichszeit beeinflußt. Wird kein ausreichender Ausgleich erzielt, muß allerdings der Wasserverbrauch größer werden.

B. Kontinuierliches Spülen

1. *Versuchsbedingungen*

Es wurden wieder einige besonders wichtig erscheinende Faktoren herausgegriffen und ihr Einfluß auf das Spülen untersucht, und zwar: Trommelumfangsgeschwindigkeit, Spülstromstärke, Flottenzahl und Füllzahl. Die benutzte Trommelmaschine war die gleiche, wie sie für das diskontinuierliche Spülen Verwendung fand. Um den Flottenstand unabhängig von der Spülstromstärke konstantzuhalten und außerdem seine Höhe verstellen zu können, erhielt die Außentrommel zwei gegenüberliegende, verschiebbare Überläufe (s. Abb. 10). Die Regulierung des Zulaufs war mit Hilfe eines Schwimmerbehälters und einer verstellbaren Drossel möglich. Die Überlauföffnung besteht aus einem Schlitz mit langer, waagerechter Überlaufkante, die den Flottenstand in weiten Grenzen praktisch unabhängig von der Spülstromstärke macht.

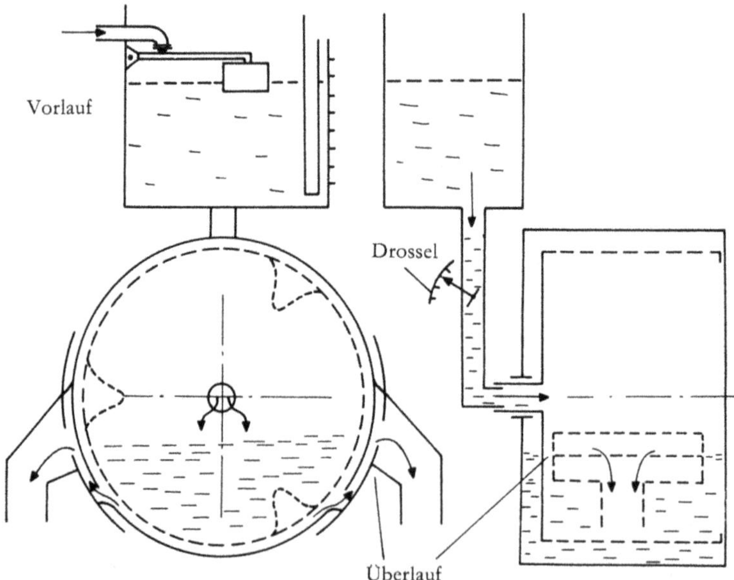

Abb. 10 Versuchsanordnung für kontinuierliches Spülen

2. *Versuchsergebnisse*

Während die Umfangsgeschwindigkeit bei diskontinuierlichem Spülen, im Bereich von 0,28 bis 1,6 m/sec, keinen nennenswerten Einfluß auf die Spülzeit zeigte, ist bei kontinuierlichem Spülen eine deutliche Abhängigkeit vorhanden.

In Abb. 11 ist die Spülzeit und der Wasserverbrauch über der Umfangsgeschwindigkeit aufgetragen. Waschflotte, Spülflotte, Füllzahl, Spülstromstärke und Ausgangsalkalität wurden konstantgehalten. Die geringste Spülzeit und der kleinste Wasserverbrauch wurden bei einer Umfangsgeschwindigkeit um 1 m/sec erzielt. Die Schwierigkeit beim kontinuierlichen Spülen besteht darin, den Spülwasserstrom vollständig mit der gebundenen Flotte zum Austausch zu bringen. Dies ist aber nur möglich, wenn die Spülstromstärke sehr klein oder besser null ist, wie es beim diskontinuierlichen Spülen der Fall ist. Bei der vorliegenden Spülstromführung erfolgt der Wasserzufluß durch die hohle Trommelwelle in die Mitte der Innentrommel. Das Frischwasser kann jedoch die Wäsche nicht voll-

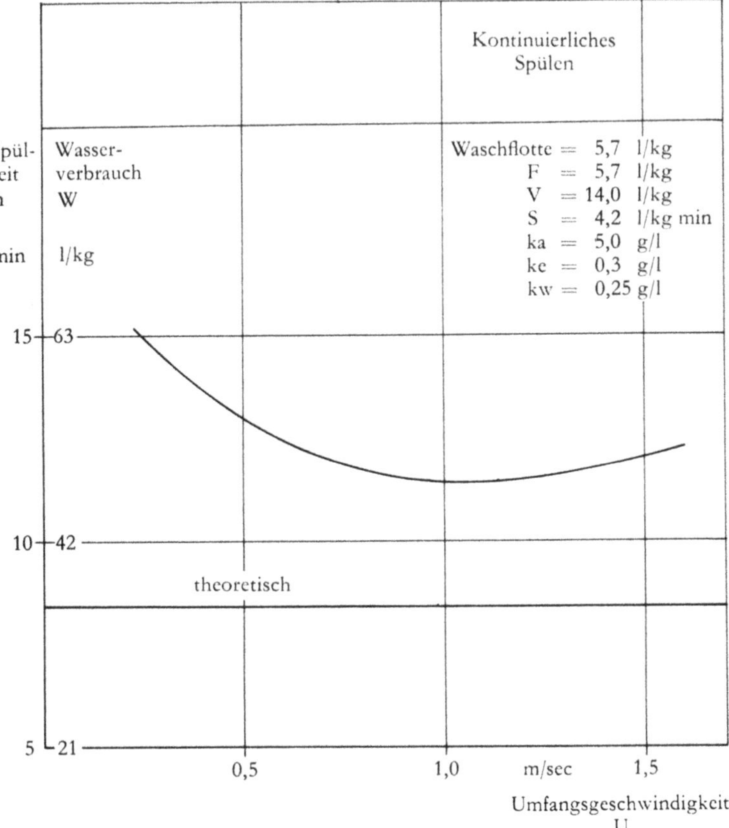

Abb. 11 Spülzeit und Wasserverbrauch in Abhängigkeit von der Trommelumfangsgeschwindigkeit

ständig durchfluten und fließt, zum großen Teil unvollständig ausgenutzt, in den Raum zwischen Innen- und Außentrommel. Um den Ausgleich zu erzielen, müßte das Wasser wieder zurück in die Trommel gefördert werden; das geschieht auch teilweise durch die Trommeldrehung. Allerdings stellen sich ihm mit zunehmender Umfangsgeschwindigkeit Zentrifugalkräfte entgegen. Dadurch wird der Ausnutzungsgrad des über den Überlauf abfließenden Wassers verschlechtert, was erhöhte Spülzeit zur Folge hat. Bei niedriger Umfangsgeschwindigkeit spielen zwar die Zentrifugalkräfte keine Rolle mehr, aber nun macht sich bemerkbar, daß der Spülstrom mit bestimmter Geschwindigkeit durch die Maschine läuft, so daß für die langsam drehende Trommel nicht mehr genügend Zeit bleibt, das unausgenutzte Spülwasser in den Innenraum zurückzutransportieren und mit der Wäsche in Berührung zu bringen.

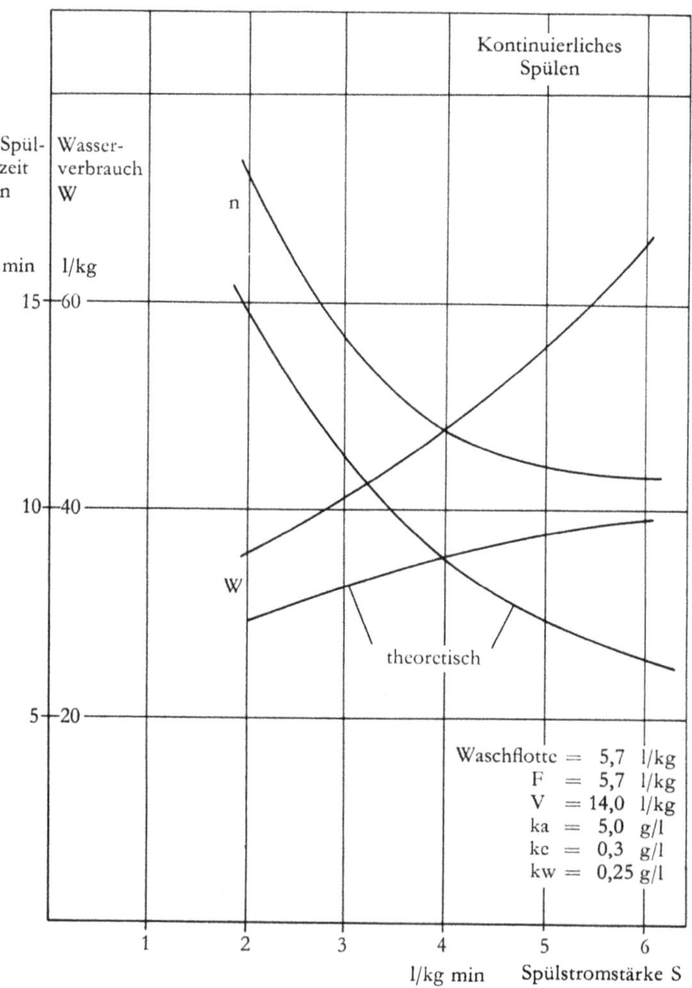

Abb. 12 Spülzeit und Wasserverbrauch in Abhängigkeit von der Spülstromstärke

Die Abb. 12 zeigt die Spülzeit und den Wasserverbrauch in Abhängigkeit von der Spülstromstärke. Waschflotte, Spülflotte, Füllung, Ausgangskonzentration und Trommelumfangsgeschwindigkeit waren konstant. Die praktischen Werte weichen mit ansteigender Spülstromstärke zunehmend von den theoretischen Werten ab. Das heißt also, daß die Ausnutzung des Spülstromes mit zunehmender Stromstärke schlechter wird. Wie schon erwähnt, wird die Strömungsgeschwindigkeit des Spülwassers immer größer, so daß weniger Zeit für den Austausch bleibt. Für die vorliegende Spülstromführung könnte man ca. 4 l/kg min als optimale Stromstärke ansehen. Höhere Stromstärke bringt nur noch wenig Spülzeitverkürzung, die außerdem einen stark ansteigenden Wasserverbrauch

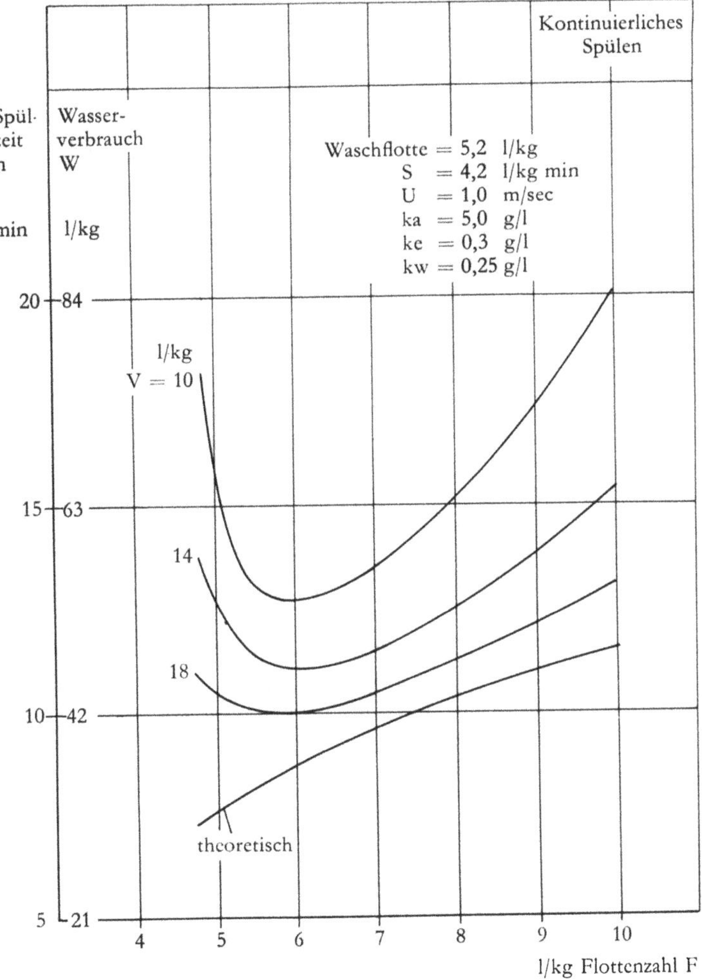

Abb. 13 Spülzeit und Wasserverbrauch in Abhängigkeit von der Flottenzahl bei verschiedener Füllzahl

zur Folge hat. Ausnutzungsgrad und optimale Stromstärke sind natürlich von der Stromführung abhängig.
Wie schon bei der theoretischen Behandlung des Durchlaufspülens nachgewiesen, nimmt die Spülzeit und der Wasserverbrauch mit der Flottenzahl zu. Wie dies nun beim praktischen Versuch aussieht, zeigt Abb. 13. Hier wurde außerdem noch die Füllzahl geändert. Konstant blieben: Waschflotte, Spülstromstärke, Ausgangsalkalität und Umfangsgeschwindigkeit. Wie zu erwarten, vergrößerte sich Spülzeit und Wasserverbrauch mit zunehmender Wäschefüllung. Bei einer Flottenzahl von ca. 10 l/kg haben sich die praktischen Werte gegenüber dem theoretischen Wert nahezu verdoppelt, d. h., der Ausgleichsfaktor beträgt ca. 0,5. Auffällig ist, daß – entgegen der theoretischen Kurve – im Bereich einer Flottenzahl von ca. 5 bis 6 l/kg abwärts ein starker Anstieg von Spülzeit und Wasserverbrauch stattfindet. Dies ist offenbar darauf zurückzuführen, daß der Flottenaustausch, infolge geringer freier Flotte in der Innentrommel, sehr stark nachläßt und deshalb ein großer Teil des Spülstromes ungenutzt abfließt. Die günstigsten Verhältnisse für kontinuierliches Spülen liegen also für die vorliegende Versuchsanordnung bei einer Flottenzahl von ca. 6 l/kg.

IV. Zusammenfassung

Es wurde versucht, einige Gesetzmäßigkeiten des diskontinuierlichen und kontinuierlichen Spülens von Wäsche unter vereinfachten Bedingungen theoretisch und praktisch zu erfassen. Es wurde vorausgesetzt, daß es sich um einen reinen Verdünnungsvorgang handelt und chemische Reaktionen keine Rolle spielen.
Einige mathematische Gleichungen lassen den Einfluß von Flottenzahl, Spülstromstärke, Anfangs- und Endkonzentration der Spülflotte und der Spülwasserkonzentration erkennen. Dabei wird zunächst angenommen, daß der Konzentrationsausgleich zwischen dem Frischwasser und der an die Wäsche gebundenen Lauge ohne Zeitaufwand vor sich geht. In der Praxis kann die Ausgleichszeit mehr oder weniger lang sein, was meist dazu führt, daß der Ausgleich nicht vollständig erreicht wird. Man kann dies durch Einführung eines Ausgleichsfaktors berücksichtigen. Er läßt sich experimentell bestimmen und ist von der Intensität des Mischvorgangs in der Waschmaschine abhängig.
Die Mischmechanik hängt in erster Linie von der Füllmenge ab. Hohe Füllmenge erschwert das Mischen.
Der Einfluß der Flottenzahl macht sich, ins Gewicht fallend, dann bemerkbar, wenn man sich dem tropfnassen Zustand der Wäsche nähert, also, wenn die freie Flotte gering ist. Legt man Wert auf eine möglichst kurze Spülzeit, so muß man beim diskontinuierlichen Spülen mit möglichst hoher Flottenzahl arbeiten; beim kontinuierlichen Spülen erreicht man dies mit möglichst niedriger Flottenzahl und hoher Spülstromstärke.
Ist im anderen Fall die Höhe des Wasserverbrauches besonders wichtig, so muß das diskontinuierliche und kontinuierliche Spülen mit möglichst kleiner Flottenzahl durchgeführt werden. Die Spülstromstärke muß ebenfalls gering sein. Spüldauer und Wasserverbrauch laufen also in entgegengesetzter Richtung, so daß von Fall zu Fall die optimalen Bedingungen gefunden werden müssen.
Die Umfangsgeschwindigkeit beeinflußt die Mischmechanik im praktisch vorkommenden Bereich bei diskontinuierlichem Spülen wenig. Bei kontinuierlichem Spülen macht sie sich etwas stärker bemerkbar.
Weitere Einflüsse von mehr oder weniger großer Bedeutung sind zu erwarten von der Trommelgröße, den Trommeleinbauten, dem Abstand Innentrommel-Außentrommel und dem Reversierrhythmus.

Dipl.-Ing. Herbert Schmidt

V. Literaturverzeichnis

Eckström, A., Eine neue Spülmethode. Wäscherei- und Plättereizeitung 37/1940/358.

Kind, W., und O. Oldenroth, Arbeitsbedingungen beim Spülen. Zeitschrift Wäschereitechnik und -chemie 1/1949, Verlag Glagow & Co., Baden-Baden.

Peters, E., Der Spülprozeß in der Doppel-Trommelwaschmaschine. Zeitschrift Wäschereitechnik und -chemie 12/1950; 1952, 717, Verlag Glagow & Co., Baden-Baden.

Walter, E., Beobachtungen beim Spülprozeß – ein neues Spülverfahren für gewerbliche Wäschereien. Zeitschrift Wäschereitechnik und -chemie 7/8/1952, Verlag Glagow & Co., Baden-Baden.

Köhler, S., The discontinous rinsing process. Stockholm 1955.

Schmidt, H., Auswirkung der Strömungsverhältnisse in Trommelwaschmaschinen unter besonderer Berücksichtigung des Durchlaufspülens (1958). Forschungsbericht des Wirtschafts- und Verkehrsministeriums NRW Nr. 587, Westdeutscher Verlag, Köln und Opladen.

Oldenroth, O., Verhalten sowie Entfernen von Alkaliresten aus der Wäsche. Zeitschrift Wäschereitechnik und -chemie 3/1959, Verlag Glagow & Co., Baden-Baden.

FORSCHUNGSBERICHTE
DES LANDES NORDRHEIN-WESTFALEN

Herausgegeben im Auftrage des Ministerpräsidenten Dr. Franz Meyers
von Staatssekretär Prof. Dr. h. c. Dr.-Ing. E. h. Leo Brandt

Textilforschung

Gliederungsübersicht

Allgemeines, Textilphysik, Textilchemie, Textilrohstoffe

Raumklima in Textilindustriebetrieben; insbesondere elektrostatische Raumluftaufladung und relative Luftfeuchtigkeit

Spinnereivorbereitung (Verfahren und Maschinen)

Spinnerei und Zwirnerei (Verfahren und Maschinen)

Nachbehandlung von Garnen und Zwirnen

Beurteilung fertiger Garne und Zwirne nach Herstellungsverfahren und Eigenschaften

Webereivorbereitung (Verfahren und Maschinen)

Weberei (Verfahren und Maschinen)

Beurteilung von Geweben und anderen textilen Flächengebilden nach Herstellungsverfahren und Eigenschaften

Textilveredlung (Bleichen, Färben, Drucken, Ausrüsten)

Arbeitsvorgänge und Maschinen in der Bekleidungsindustrie

Gebrauchsfragen einschließlich Wäscherei und Chemischreinigung

Textilprüfverfahren, Textilprüfgeräte

Betriebswirtschaftliche Untersuchungen auf dem Textilgebiet

Volkswirtschaftliche Untersuchungen auf dem Textilgebiet

Allgemeines, Textilphysik, Textilchemie, Textilrohstoffe

HEFT 34
Prof. Dr. rer. nat. Wilhelm Weltzien, Krefeld
Quellungs- und Entquellungsvorgänge bei Faserstoffen
1953, 52 Seiten, 13 Abb., 13 Tabellen, DM 9,80

HEFT 35
Prof. Dr. phil. nat. Wilhelm Kast, Krefeld
Röntgenographische Feinstrukturuntersuchungen an künstlichen Zellulosefasern verschiedener Herstellungsverfahren.
Teil I: Der Orientierungszustand
1953, 74 Seiten, 30 Abb., 7 Tabellen, DM 13,80

HEFT 64
Prof. Dr. rer. nat. Wilhelm Weltzien und Dr. rer. nat. habil. Johannes Juilfs, Krefeld
Die Kettenlängenverteilung von hochpolymeren Faserstoffen
Über die fraktionierte Fällung von Polyamiden (I)
1954, 44 Seiten, 13 Abb., DM 8,60

HEFT 93
Prof. Dr. phil. nat. Wilhelm Kast, Krefeld
Spinnversuche zur Strukturerfassung künstlicher Zellulosefasern
1954, 82 Seiten, 39 Abb., 6 Tabellen, DM 16,—

HEFT 173
Prof. Dr. phil. nat. Rolf Hosemann und Dipl.-Phys. Günter Schoknecht, Berlin, vorgelegt von Prof. Dr. phil. nat. Wilhelm Kast, Krefeld
Lichtoptische Herstellung und Diskussion der Faltungsquadrate parakristalliner Gitter
1956, 108 Seiten, 63 Abb., 6 Tabellen, DM 24,70

HEFT 260
Prof. Dr. phil. nat. Herbert A. Stuart und Dipl.-Phys. Heinz Gerhard Fendler, Hannover, vorgelegt durch Prof. Dr. phil. nat. Wilhelm Kast, Freiburg (Breisgau)
Lichtzerstreuungsmessungen an Lösungen hochpolymerer Stoffe
1956, 70 Seiten, 20 Abb., 5 Tabellen, DM 15,60

HEFT 261
Prof. Dr. phil. nat. Wilhelm Kast, Freiburg (Br.)
Röntgenographische Feinstrukturuntersuchungen an künstlichen Zellulosefasern verschiedener Herstellungsverfahren.
Teil II: Der Kristallisationszustand
1956, 80 Seiten, 27 Abb., 11 Tabellen, DM 17,20

HEFT 301
Prof. Dr. rer. nat. Wilhelm Weltzien, Dr. rer. nat. Gerda Cossmann und Peter Diehl, Krefeld
Über die fraktionierte Fällung von Polyamiden (II)
1956, 54 Seiten, 1 Abb., 16 Tabellen, DM 11,30

HEFT 433
Dr.-Ing. Günther Satlow, Aachen
Über einige physikalische und chemische Eigenschaften der Wolle von der gewaschenen Wolle bis zum Kammzug
1957, 72 Seiten, 15 Abb., 19 Tabellen, DM 15,25

HEFT 614
Prof. Dr. rer. nat. Wilhelm Weltzien, Dr. rer. nat. habil. Johannes Juilfs und Dr. rer. nat. Werner Bubser, Krefeld
Die Textilforschungsanstalt Krefeld 1920—1958
Ein Bericht zur Einweihung ihres Neubaus Frankenring 2
1958, 78 Seiten, 11 Abb., 5 Baupläne, DM 23,80

HEFT 731
Dr.-Ing. Günther Satlow, Aachen
Hautwolle und Schurwolle. Eine Gegenüberstellung ihrer wichtigsten chemischen und physikalischen Eigenschaften
1959, 96 Seiten, 4 Abb., 31 Tabellen, DM 23,60

HEFT 790
Prof. Dr. phil. nat. Wilhelm Kast, Freiburg/Breisgau und Dipl.-Ing. Victor Elsässer, Leverkusen
Fließvorgänge in der Spinndüse und dem Blaukonus des Cuoxam-Verfahrens
1960, 131 Seiten, 59 Abb., 37 Tabellen, DM 36,50

HEFT 839
Prof. Dr. rer. nat. habil. Johannes Juilfs, Krefeld
Zur Bestimmung der Absolutdichte von Fasern
1960, 24 Seiten, 5 Abb., 3 Tabellen, DM 8,10

HEFT 879
Dipl.-Chem. Dr. rer. nat. Hans-Günther Fröhlich, Mönchengladbach
Einsatz von künstlichen Eiweißfasern in Mischung mit Wolle und Kaninhaar zur Herstellung von Hutfilzen
1960, 42 Seiten, 15 Abb., 10 Tabellen, DM 12,90

HEFT 1084
Dr.-Ing. Günther Satlow, Deutsches Wollforschungsinstitut an der Rhein.-Westf. Technischen Hochschule Aachen
Charakteristische Eigenschaften von Rohwollen.
1962, 67 Seiten, 15 Abb., 11 Tabellen, DM 33,80

HEFT 1106
Dr. rer. nat. Werner Bubser und Dr. rer. nat. Walter Fester, Textilforschungsanstalt, Krefeld
Quell- und Lösereaktionen an Polyesterfasern zur Untersuchung von deren Veränderungen und Schädigungen.
1962, 34 Seiten, 14 Abb., 13 Tabellen, DM 16,—

HEFT 1132
Dr. rer. nat. Werner Bubser und Dr. rer. nat. Walter Fester, Textilforschungsanstalt, Krefeld
Untersuchungen über die Anwendung der Trübungstitration bei Polyamiden.
1962, 33 Seiten, 19 Abb., DM 14,50

HEFT 1154
Dr.-Ing. Günter Blankenburg,
Deutsches Wollforschungsinstitut an der Rhein.-Westf. Technischen Hochschule Aachen
Chemische und physikalische Eigenschaften von unveränderter und veränderter Wolle in Beziehung zum Filzvermögen.
1963, 96 Seiten, 38 Abb., 35 Tabellen, DM 43,80

HEFT 1156
Dr. rer. nat. Hans Hendrix und
Dr. rer. nat. Walter Fester,
Textilforschungsanstalt, Krefeld
Potentiometrische Endgruppenbestimmung an synthetischen Fasern.
Die Bestimmung der sauren Endgruppen an Polyester- und Polyacrylnitrilfasern.
1963, 23 Seiten, 3 Abb., 2 Tabellen, DM 10,70

HEFT 1157
Dr. rer. nat. Walter Fester und
Dr. rer. nat. Hans Hendrix,
Textilforschungsanstalt, Krefeld
Analytische Untersuchungen an Polyacrylnitril- und Polyesterfasern.
1963, 25 Seiten, 5 Abb., 5 Tabellen, DM 10,40

HEFT 1205
Dr. rer. nat. Werner Bubser,
Textilforschungsanstalt, Krefeld
Vergleichende Bestimmungen des Schmelzpunktes an synthetischen Faserstoffen.
1963, 25 Seiten, 5 Abb., 9 Tabellen, DM 11,80

HEFT 1212
Dr. rer. nat. Heimo Pfeifer, Textil-Technisches Institut der Vereinigten Glanzstoff-Fabriken AG und Deutsches Wollforschungsinstitut an der Rhein.-Westf. Technischen Hochschule Aachen
Über den hydrolytischen und aminolytischen Abbau von Polyesterfasern
In Vorbereitung

HEFT 1300
Dr. rer. nat. Werner Bubser, Textilforschungsanstalt Krefeld
Einfluß der Trocknungsbedingungen beim Schlichten auf die technologischen Eigenschaften und die Entschlichtbarkeit bei Chemiefasern auf Zellulosebasis
1963, 49 Seiten, 32 Tabellen, DM 19,80

Raumklima in Textilindustriebetrieben; insbesondere elektrostatische Raumluftaufladung und relative Luftfeuchtigkeit

HEFT 273
Karl H. W. Tacke, Wuppertal-Barmen
Erfahrungen beim Verspinnen von Perlonfasern und bei der Herstellung von Trikotagen aus gesponnenem Perlon
1956, 36 Seiten, DM 7,90

HEFT 897
Prof. Dr.-Ing. Walther Wegener und
Dipl.-Ing. Dieter Quambusch, Aachen
Zusammenhang zwischen dem Raumklima und der elektrostatischen Aufladung des Spinnmaterials
1960, 86 Seiten, 44 Abb., 5 Tabellen, DM 23,90

HEFT 1119
Prof. Dr. Hans Israel, Dozent für Geophysik und Meteorologie an der Rhein.-Westf. Technischen Hochschule Aachen, und Dipl.-Ing. H. Bücker
Raumklimatische Untersuchungen im Zusammenhang mit Spinnereiproblemen unter besonderer Berücksichtigung der elektrischen Eigenschaften klimatisierter Luft.
1963, 193 Seiten, 67 Abb., 15 Tabellen, DM 86,—

HEFT 1319
Prof. Dr.-Ing. Walther Wegener und Dr.-Ing. E. Günther Hoth, Institut für Textiltechnik der Rhein.-Westf. Technischen Hochschule Aachen
Ermittlung der Grundlagen über die Raumluftaufladung und Auswirkungen bei der Verarbeitung von Faserverbänden *In Vorbereitung*

Spinnereivorbereitung (Verfahren und Maschinen)

HEFT 97
Obering. Herbert Stein, Mönchengladbach
Ermittlung der Haft-Gleiteigenschaften von Faserbändern und Vorgarnen
2. Bericht der Reihe: Untersuchungen der Verzugsvorgänge an den Streckwerken verschiedener Spinnereimaschinen
1955, 98 Seiten, 34 Abb., DM 21,—

HEFT 397
Dipl.-Ing. Waldemar Rohs und
Dipl.-Ing. Rudolf Otto, Bielefeld
Ungleichmäßigkeiten in Bändern von Bastfaserkarden, ihre Ursachen und Auswirkungen
1957, 60 Seiten, 16 Abb., 42 Diagramme, DM 14,80

HEFT 435
Dipl.-Ing. Waldemar Rohs und
Dipl.-Ing. Ludwig Steinmetz, Bielefeld
Die Massenungleichmäßigkeit von Flachsstreckenbändern in Abhängigkeit von Verzug und Dopplung *1957, 42 Seiten, 4 Abb., 2 Tabellen, DM 9,90*

HEFT 479
Prof. Dr.-Ing. Walther Wegener, Aachen, und
Dipl.-Ing. Herbert Fourné, Bochum
Ursachen des Überschreitens der Toleranzgrenze nach oben oder unten (Meter pro Gramm) an der Strecke
1957, 60 Seiten, 17 Abb., 3 Tabellen, DM 14,60

HEFT 609
Dipl.-Ing. Waldemar Rohs und
Dipl.-Ing. Ludwig Steinmetz, Bielefeld
Verteilung der Bastfasern im Verzugsfeld einer Nadelabstrecke
1958, 42 Seiten, 10 Abb., 2 Tabellen, DM 13,45

HEFT 732
Dipl.-Ing. Waldemar Rohs und
Dipl.-Ing. Rudolf Otto, Bielefeld
Messung von Verzugskräften in Nadelfeldern von Bastfaserstrecken
1959, 40 Seiten, 9 Abb., 4 Tabellen, DM 11,60

HEFT 818
Prof. Dr.-Ing. Walther Wegener, Aachen
Grundlegende Untersuchungen zur Frage der Spinnavivierung von Rohbaumwolle
1959, 38 Seiten, 20 Abb., 5 Tabellen, DM 10,70

HEFT 846
Obering. Herbert Stein und
Ing. Martin Eidelsburger, Mönchengladbach
Untersuchungen an Baumwollkarden zwecks Ermittlung der Fehlerursachen für Dickeschwankungen *1960, 46 Seiten, 23 Abb., DM 14,30*

HEFT 847
Obering. Herbert Stein und
Ing. Martin Eidelsburger, Mönchengladbach
Untersuchungen über den Ablauf der Arbeitsvorgänge bei Schlagmaschinen in Baumwoll- und Zellwollaufbereitungsanlagen
1960, 54 Seiten, 29 Abb., DM 16,70

HEFT 896
Prof. Dr.-Ing. Walther Wegener, Aachen
Einfluß der höheren Vorgarndrehung geflyerter Lunten auf die Ungleichmäßigkeit und die dynamometrischen Eigenschaften des fertigen Garnes
1960, 32 Seiten, 12 Abb., 3 Tabellen, DM 9,20

Spinnerei und Zwirnerei (Verfahren und Maschinen)

HEFT 13
Dipl.-Ing. Waldemar Rohs und
Textil-Ing. Gustav Heller, Bielefeld
Das Naßspinnen von Bastfasergarnen mit chemischen Zusätzen zum Spinnbad
1953, 52 Seiten, 4 Abb., 19 Tabellen, DM 10,—

HEFT 238
Obering. Herbert Stein, Mönchengladbach
Theoretische Betrachtungen über den Einfluß schlagender Zylinder und Druckrollen
3. Bericht der Reihe: Untersuchungen der Verzugsvorgänge an den Streckwerken verschiedener Spinnereimaschinen
1956, 66 Seiten, 21 Abb., DM 14,10

HEFT 340
Dipl.-Ing. Waldemar Rohs und
Dipl.-Ing. Rudolf Otto, Bielefeld
Das Naßspinnen von Bastfasergarnen mit Spinnbadzusätzen unter Ausnutzung einer zentralen Spinnwasserversorgungsanlage
1956, 56 Seiten, 2 Abb., 6 Tabellen, DM 11,60

HEFT 378
Obering. Herbert Stein, Mönchengladbach
Beobachtung und meßtechnische Erfassung der Vorgänge im Spinn- und Aufwindefeld von Ringspinn- und Ringzwirnmaschinen
1957, 104 Seiten, 88 Abb., 3 Tabellen, DM 26,90

HEFT 918
Obering. Herbert Stein, Mönchengladbach
Ermittlung des Einflusses verschiedener Streckwerkseinstellungen und der verwendeten Konstruktionsteile auf die Verzugsvorgänge
4. Bericht der Reihe: Untersuchungen der Verzugsvorgänge an den Streckwerken verschiedener Spinnereimaschinen
1960, 44 Seiten, 5 Abb. 13 Tabellen, DM 13,70

HEFT 920
Dipl.-Ing. Rudolf Otto und
Textil-Ing. Manfred Le Claire
Fadenspannungen beim Naßringspinnen von Bastfasern in ihrer Abhängigkeit von Fadenführung und Gestaltung von Ring und Läufer
1960, 54 Seiten, 18 Abb., 14 Tabellen, DM 16,40

HEFT 937
Dipl.-Ing. Waldemar Rohs, Dipl.-Ing. Rudolf Otto und Textil-Ing. Hugo Griese, Bielefeld
Trockenspinnverfahren für Leinengarne und Einsatz trocken gesponnener Garne in der Leinenweberei
1960, 56 Seiten, 14 Abb., 14 Tabellen, DM 19,90

HEFT 1166
Oberingenieur Herbert Stein,
Institut für textile Meßtechnik Mönchengladbach
Vergleich des Band-Spinnens von Baumwolle und Chemiefasern (ohne Flyerpassage) mit dem klassischen Baumwollspinnverfahren.
1963, 79 Seiten, 35 Abb., DM 36,80

HEFT 1314
Prof. Dr.-Ing. Walther Wegener und Dr.-Ing. Hans Peuker, Institut für Textiltechnik der Rhein.-Westf. Technischen Hochschule Aachen
Einfluß verschiedener Endstrecken bei verkürzten Kammgarn-Spinnverfahren auf die Ungleichmäßigkeit und auf die dynamometrischen Eigenschaften von Mischgespinsten aus Wolle und kunstgeschaffenen Fasern *In Vorbereitung*

HEFT 1333
Dipl.-Ing. Waldemar Rhos und Dipl.-Ing. Rudolf Otto, Techn.-Wissenschaftliches Büro für die Bastfaserindustrie Bielefeld
Untersuchungen über Fasermischungen in der Bastfaserwergspinnerei

HEFT 1335
Prof. Dr.-Ing. Walther Wegener und Peter Ehrler, Institut für Textiltechnik der Rhein.-Westf. Technischen Hochschule Aachen
Eine Analyse der Vorgarnschwankungen an Streichgarn-Krempelassotimenten
In Vorbereitung

Nachbehandlung von Garnen und Zwirnen

HEFT 20
Dipl.-Ing. Waldemar Rohs, Dr.-Ing. Günther Satlow und Textil-Ing. Gustav Heller, Bielefeld
Trocknung von Leinengarnen I
Vorgang und Einwerkung auf die Garnqualität
1953, 62 Seiten, 18 Abb., 5 Tabellen, DM 12,—

HEFT 21
Dipl.-Ing. Waldemar Rohs, Dr.-Ing. Günther Satlow und Textil-Ing. Gustav Heller, Bielefeld
Trocknung von Leinengarnen II
Spulenanordnung und Luftführung beim Trocknen von Kreuzspulen
1953, 66 Seiten, 22 Abb., 9 Tabellen, DM 13,—

HEFT 79
Dipl.-Ing. Waldemar Rohs, Dr.-Ing. Günther Satlow und Textil-Ing. Gustav Heller, Bielefeld
Trocknung von Leinengarnen III
Spinnspulen- und Spinnkopstrocknung
Vorgang und Einwirkung auf die Garnqualität
1954, 74 Seiten, 18 Abb., 10 Tabellen, DM 14,—

HEFT 172
Dipl.-Ing. Waldemar Rohs, Dr.-Ing. Günther Satlow und Textil-Ing. Gustav Heller, Bielefeld
Trocknung von Hanfgarnen
Kreuzspultrocknung
1955, 60 Seiten, 7 Abb., 4 Tabellen, DM 10,30

HEFT 185
Dipl.-Ing. Waldemar Rohs und Textil-Ing. Gustav Heller, Bielefeld
Studien an einem neuzeitlichen Kreuzspultrockner für Bastfasergarne mit Wiederbefeuchtungszone
1955, 52 Seiten, 9 Abb., 3 Tabellen, DM 10,70

HEFT 442
Dipl.-Ing. Waldemar Rohs, Textil-Ing. Hugo Griese und Textil-Ing. Walter Lauer, Bielefeld
Die Auswirkungen der Trocknungsart naßgesponnener Leinengarne auf deren Verarbeitungswirkungsgrad sowie auf die Festigkeits- und Dehnungseigenschaften der Garne und Gewebe
1957, 28 Seiten, 2 Abb., 3 Tabellen, DM 6,50

Beurteilung fertiger Garne und Zwirne nach Herstellungsverfahren und Eigenschaften

HEFT 196
Dipl.-Ing. Waldemar Rohs und Textil-Ing. Hugo Griese, Bielefeld
Auswirkungen von Garnfehlern bei der Verarbeitung von Leinengarnen
1955, 24 Seiten, 3 Abb., 6 Tabellen, DM 7,80

HEFT 339
Prof. Dr.-Ing. Walther Wegener und Dipl.-Ing. Willi Zahn, Aachen
Vergleich des normalen mit verschiedenen abgekürzten Baumwollspinnverfahren in bezug auf Gleichmäßigkeit und Sortierungsstreuung der Garne
1956, 56 Seiten, 17 Abb., 17 Tabellen, DM 12,70

HEFT 632
Prof. Dr.-Ing. Walther Wegener, Aachen
Aufstellung und Vergleich von Variance-within- und Variance-between-Kurven von Garnen, die nach verschiedenen Spinnverfahren hergestellt werden
1958, 76 Seiten, 35 Abb., DM 19,10

HEFT 699
Oberstudiendirektor Dr.-Ing. Erich Wagner, Wuppertal-Barmen
Studium der Drehungsverhältnisse an Perlon- und Nylongarnen zur Herstellung von Strumpfgewirken
1959, 30 Seiten, 11 Abb., DM 9,20

Webereivorbereitung (Verfahren und Maschinen)

HEFT 9
Dipl.-Ing. Waldemar Rohs und Textil-Ing. Gustav Heller, Bielefeld
Untersuchungen über die zweckmäßige Wicklungsart von Leinengarnkreuzspulen unter Berücksichtigung der Anwendung hoher Geschwindigkeiten des Garnes
Vorversuche für Zetteln und Schären von Leinengarnen auf Hochleistungsmaschinen
1952, 48 Seiten, 7 Abb., 7 Tabellen, DM 9,25

HEFT 19
Dipl.-Ing. Waldemar Rohs und Textil-Ing. Hugo Griese, Bielefeld
Die Auswirkung des Schlichtens von Leinengarnketten auf den Verarbeitungswirkungsgrad sowie die Festigkeit und Dehnungsverhältnisse der Garne und Gewebe
1953, 48 Seiten, 1 Abb., 9 Tabellen, DM 9,—

HEFT 63
Prof. Dr. rer. nat. Wilhelm Weltzien und Dipl.-Chem. Paul Ringel, Krefeld
Neue Methoden zur Untersuchung der Wirkungsweise von Textilhilfsmitteln
Untersuchungen über Schlichtungs- und Entschlichtungsvorgänge
1954, 34 Seiten, 1 Abb., 5 Tabellen, DM 6,80

HEFT 338
Prof. Dr.-Ing. Walther Wegener, Aachen, und Dipl.-Ing. Josef Schneider, Mönchengladbach
Die Bedeutung der Knotenart für die Herabminderung der Fadenbrüche
1956, 40 Seiten, 6 Abb., 17 Tabellen, DM 9,80

HEFT 434
Dipl.-Ing. Waldemar Rohs und Dr. rer. nat. Ingeborg Geurten, Bielefeld
Schlichten für Baumwollgarne
1957, 96 Seiten, 3 Abb., zahlr. Tabellen, DM 23,70

HEFT 654
Obering. Herbert Stein und
Textil-Ing. Herbert v. d. Weyden, Mönchengladbach,
Dipl.-Ing. Waldemar Rohs und
Textil-Ing. Hugo Griese, Bielefeld
Untersuchungen an Spulvorrichtungen in der Leinen- und Halbleinenweberei
1958, 98 Seiten, 29 Abb., 33 Tabellen, DM 23,80

HEFT 885
Dr. rer. nat. Ingeborg Lambrinou-Geurten, Krefeld
Einfluß von Fettzusätzen auf das rheologische Verhalten von Schlichteflotten
1960, 58 Seiten, 18 Abb., 3 Tabellen, DM 16,50

HEFT 917
Obering. Herbert Stein und
Ing. Gerhard Hoischen, Mönchengladbach
Ermittlung der Vorgänge beim Benetzen und Trocknen von Fäden unter besonderer Berücksichtigung der Arbeitsweise von Schlichtmaschinen
1960, 78 Seiten, 75 Abb., DM 24,10

HEFT 1320
Dipl.-Ing. Waldemar Rohs und Text.-Ing. Hugo Griese, Techn.-Wissenschaftliches Büro für die Bastfaserindustrie Bielefeld
Einfluß der Webstuhleinstellung auf dem Ausfall, insbesondere die Krumpfung von Halbleinen- und Baumwollgeweben
1963, 27 Seiten, 6 Tabellen, DM 11,70

Weberei (Verfahren und Maschinen)

HEFT 3
Dipl.-Ing. Waldemar Rohs und
Textil-Ing. Hugo Griese, Bielefeld
Untersuchungsarbeiten zur Verbesserung des Leinenwebstuhls I
Anpassung der Streichbaumbewegung an die Schaftbewegung. Ermittlung der günstigsten Streichbaumlage
1952, 44 Seiten, 7 Abb., 3 Tabellen, DM 12,50

HEFT 22
Dipl.-Ing. Waldemar Rohs und
Textil-Ing. Hugo Griese, Bielefeld
Die Reparaturanfälligkeit von Webstühlen
1953, 28 Seiten, 7 Abb., 5 Tabellen, DM 5,80

HEFT 41
Dipl.-Ing. Waldemar Rohs und
Textil-Ing. Hugo Griese, Bielefeld
Untersuchungsarbeiten zur Verbesserung des Leinenwebstuhles II
Das Verhalten verschiedener Kettfadenwächtersysteme
1953, 40 Seiten, 4 Abb., 5 Tabellen, DM 7,80

HEFT 80
Dipl.-Ing. Waldemar Rohs und
Textil-Ing. Hugo Griese, Bielefeld
Die Verarbeitung von Leinengarnen auf Webstühlen mit und ohne Oberbau
1954, 30 Seiten, 2 Abb., 2 Tabellen, DM 6,—

HEFT 92
Dipl.-Ing. Waldemar Rohs, Dr.-Ing. Günther Satlow
Textil-Ing. Hugo Griese, Bielefeld,
Obering. Herbert Stein und
Textil-Ing. Berthold Fischer, Mönchengladbach
Messungen von Vorgängen am Webstuhl
1954, 76 Seiten, 45 Abb., DM 15,50

HEFT 163
Dipl.-Ing. Waldemar Rohs und
Textil-Ing. Hugo Griese, Bielefeld
Untersuchungsarbeiten zur Verbesserung des Leinenwebstuhls III
Die Wirkung verschiedener Litzen
Die Stellung der Webschäfte
1955, 80 Seiten, 15 Abb., 18 Tabellen, DM 15,80

HEFT 226
Dipl.-Ing. Waldemar Rohs und
Textil-Ing. Hugo Griese, Bielefeld
Untersuchungen zur Verbesserung des Leinenwebstuhles IV
Die Wirkung verschiedener Kettbaumbremsen auf die Verwebung von Leinengarnen
1956, 64 Seiten, 9 Abb., 4 Tabellen, DM 13,50

HEFT 292
Dipl.-Ing. Waldemar Rohs und
Textil-Ing. Griese, Bielefeld
Webversuche an Leinenwebstühlen mit verbesserter Schaftbewegung
1956, 34 Seiten, 3 Abb., 2 Tabellen, DM 7,60

HEFT 379
Obering. Herbert Stein, Textil-Ing. F. W. Hanings, Mönchengladbach, Dipl.-Ing. Waldemar Rohs und
Textil-Ing. Hugo Griese, Bielefeld
Schußfadenspannung beim Weben
1957, 76 Seiten, 17 Abb., 47 Diagramme, 3 Tabellen, DM 18,60

HEFT 494
Dipl.-Ing. Waldemar Rohs und
Textil-Ing. Hugo Griese, Bielefeld
Entwicklung und Erprobung eines verbesserten elektrischen Kettfadenwächtergeschirrs für die Leinen- und Halbleinenweberei
1957, 56 Seiten, 9 Abb., 11 Tabellen, DM 13,—

HEFT 621
Dipl.-Ing. Waldemar Rohs und
Textil-Ing. Hugo Griese, Bielefeld
Untersuchungen zur Verbesserung des Leinenwebstuhles V
Kettbaumbremsen und -regulatoren
1958, 42 Seiten, 6 Abb., 8 Tabellen, DM 11,30

HEFT 869
Dipl.-Ing. Waldemar Rohs und
Textil-Ing. Hugo Griese, Bielefeld
Zusammenwirken von Kett- und Schußfadenspannungen und ihr Einfluß auf den Gewebeausfall
1960, 32 Seiten, 4 Abb., 6 Tabellen, DM 9,90

HEFT 1167
Textil-Ing. Hugo Griese, Techn. Wissenschaftliches Büro für die Bastfaserindustrie, Bielefeld
Verbesserung der Wirtschaftlichkeit und des Warenausfalls durch zusätzliche Befeuchtung der verarbeiteten Garne in der Leinen- und Halbleinenweberei.
1962, 33 Seiten, 12 Abb., 6 Tabellen, DM 17,20

Beurteilung von Geweben und anderen textilen Flächengebilden nach Herstellungsverfahren und Eigenschaften

HEFT 29
Dipl.-Ing. Waldemar Rohs
Die Ausnützung der Leinengarne in Geweben
1953, 100 Seiten, 14 Abb., 10 Tabellen, DM 17,80

HEFT 674
Dipl.-Ing. Waldemar Rohs, Bielefeld
Die Ausnutzung der Garnfestigkeit in Halbleinengeweben
1958, 60 Seiten, 6 Abb., DM 14,30

HEFT 749
Dipl.-Ing. Waldemar Rohs und Textil-Ing. Hugo Griese, Bielefeld
Einfluß verschiedener Webfaktoren auf die Krumpfung von Halbleinen- und Baumwollgeweben
1959, 28 Seiten, 2 Abb., 10 Tabellen, DM 8,60

HEFT 1002
Prof. Dr.-Ing. Walther Wegener und Dipl.-Ing. Hans Peuker
Die Beziehungen zwischen der Garngleichmäßigkeit und dem Warenbild textiler Flächengebilde
1961, 128 Seiten, 3 Tabellen, DM 42,40

HEFT 1240
Dipl.-Ing. Waldemar Rohs und Dipl.-Ing. Rudolf Otto, Techn.-Wissenschaftliches Büro für die Bastfaserindustrie, Bielefeld
Verbesserung der Verarbeitungseigenschaften von Bastfasergarnen durch Beigabe einer Chemiefaserkomponente
1963, 35 Seiten, 12 Abb., 8 Tabellen, DM 18,60

Textilveredlung (Bleichen, Färben, Drucken, Ausrüsten)

HEFT 32
Dipl.-Ing. Waldemar Rohs und Textil-Ing. Hugo Griese, Bielefeld
Der Einfluß der Natriumchloritbleiche auf Qualität und Verwebbarkeit von Leinengarnen und die Eigenschaften der Leinengewebe unter besonderer Berücksichtigung des Einsatzes von Schützen- und Spulenwechselautomaten in der Leinenweberei
1953, 64 Seiten, 2 Abb., 12 Tabellen, DM 11,50

HEFT 69
Dipl.-Ing. Heinz Vollenbruck, Krefeld
Bestimmung des Faserabbaues bei Leinen unter besonderer Berücksichtigung der Leinengarnbleiche
1954, 48 Seiten, 15 Abb., 3 Tabellen, DM 9,60

HEFT 161
Prof. Dr. rer. nat. Wilhelm Weltzien und Dr. rer. nat. Gerd Hauschild, Krefeld
Über Silikone und ihre Anwendung in der Textilveredlung
1955, 162 Seiten, 22 Abb., 10 Tabellen, DM 27,—

HEFT 452
Prof. Dr. rer. nat. Wilhelm Weltzien und Dr. phil. nat. Karin Windeck, Krefeld
Veränderungen an Fasern bei der Bleiche mit Natriumchlorid und über einige Vergilbungserscheinungen
1957, 64 Seiten, 3 Abb., 13 Tabellen, DM 14,85

HEFT 496
Dipl.-Chem. Peter Vogel, Krefeld
Färberische Eigenschaften von zur Herstellung von Verdickungen in der Stoffdruckerei bestimmter Stoffen
1957, 38 Seiten, 3 Abb., 3 Tabellen, DM 9,30

HEFT 498
Prof. Dr.-Ing. Helmut Zahn und Dr. rer. nat. Wolfgang Gerstner, Aachen
Herstellung säurefester technischer Gewebe
1957, 40 Seiten, 8 Tabellen, DM 9,65

HEFT 501
Dipl.-Ing. Waldemar Rohs und Dr. rer. nat. Ingeborg Geurten, Bielefeld
Untersuchungen in der Leinengarnbleiche
1958, 50 Seiten, 5 Abb., 5 Tabellen, DM 11,50

HEFT 761
Dr. rer. nat. Ingeborg Lambrinou-Geurten, Bielefeld
Untersuchungen zur rationellen Durchfärbbarkeit von Bastfasergarnen
1959, 54 Seiten, 1 Abb., 16 Tabellen, DM 14,10

HEFT 816
Dr. rer. nat. Helmut Pfannmüller, Textil-Chemikerin Margret Pfannmüller und Prof. Dr.-Ing. Helmut Zahn, Aachen
Die Bewetterung chemisch modifizierter Wollgarne
1960, 28 Seiten, DM 10,10

HEFT 1020
Dr. rer. nat. Ingeborg Lambrinou-Geurten, Bielefeld
Das Bleichen von Pflanzenfasern mit Chlordioxyd-Erprobung eines neuen Bleichverfahrens in der Leinengarnbleiche
1961, 40 Seiten, 10 Abb., 6 Tabellen, DM 14,20

Arbeitsvorgänge und Maschinen in der Bekleidungsindustrie

HEFT 940
Dr.-Ing. Günther Satlow und
Dr. rer. nat. Tarsilla Gerthsen, Aachen
Einfluß des Bügelns mit der Hoffmann-Presse auf einige Eigenschaften der Wolle
1960, 46 Seiten, 21 Tabellen, DM 13,50

Gebrauchsfragen einschließlich Wäscherei und Chemischreinigung

HEFT 15
Dipl.-Ing. Herbert Schmidt, Krefeld
Trocknen von Wäschestoffen
I. Lufttrocknung: Untersuchungen an Tumblern
1953, 40 Seiten, 14 Abb., 2 Tabellen, DM 9,—

HEFT 70
Dipl.-Ing. Herbert Schmidt, Krefeld
Trocknen von Wäschestoffen
II. Kontakttrocknung: Untersuchungen über den Trockenvorgang und die Wäschebeanspruchung bei der Kontakttrocknung
1954, 42 Seiten, 18 Abb., 3 Tabellen, DM 10,—

HEFT 84
Dr. med. habil. Dr. phil. Heinz Baron, Düsseldorf
Über Standardisierung von Wundtextilien
1954, 32 Seiten, DM 6,40

HEFT 119
Dipl.-Ing. Herbert Schmidt, Krefeld
Wäscherei- und energietechnische Untersuchung einer Gemeinschafts-Waschanlage
1955, 50 Seiten, 18 Abb., DM 10,20

HEFT 159
Textil-Chem. Oskar Oldenroth, Krefeld
Das Bleichen von Weißwäsche mit Wasserstoffsuperoxyd bzw. Natriumhypochlorid beim maschinellen Waschen
1955, 54 Seiten, 23 Abb., 2 Tabellen, DM 11,45

HEFT 171
Dipl.-Ing. Herbert Schmidt, Krefeld
Untersuchung der Wäscheentwässerung mit Hilfe von Zentrifugen und Pressen
1955, 42 Seiten, 16 Abb., 4 Tabellen, DM 9,70

HEFT 236
Dr.-Ing. Oswald Viertel und
Susanne Brückner-Lucas, Krefeld
Ergebnisse einer Hausfrauenbefragung über Wascheinrichtungen und Waschmethoden in städtischen Haushaltungen
1956, 34 Seiten, 4 Abb., DM 7,60

HEFT 393
Dr.-Ing. Oswald Viertel und
Susanne Brückner-Lucas, Krefeld
Arbeitszeitstudien an Haushaltwaschmaschinen
1957, 74 Seiten, 8 Abb., 13 Tabellen, DM 17,30

HEFT 587
Dipl.-Ing. Herbert Schmidt, Krefeld
Auswirkung der Strömungsverhältnisse in Trommelwaschmaschinen unter besonderer Berücksichtigung des Durchlaufspülens
1958, 20 Seiten, 8 Abb., DM 8,45

HEFT 722
Dr.-Ing. Oswald Viertel und Eva Malz, Krefeld
Mechanische Wäschebeanspruchung und Waschwirkung in Rührwerkmaschinen
1959, 59 Seiten, 25 Abb., 23 Tabellen, DM 16,50

HEFT 826
Dr.-Ing. Oswald Viertel und Eva Schmahl, Krefeld
Arbeitszeitstudien an Haushaltbottichwaschmaschinen gleicher Art und Größe mit verschiedener Ausstattung
1960, 37 Seiten, 10 Abb., 4 Tabellen, DM 12,20

HEFT 850
Dr.-Ing. Oswald Viertel, Krefeld
Maßveränderung und Faserbeanspruchung von Wäschestoffen bei verschiedenen Trocknungsverfahren
1960, 34 Seiten, 9 Abb., 12 Tabellen, DM 10,70

HEFT 865
Textil-Ing. Josef Ilg, Krefeld
Ermittlung des Gebrauchswertes von Handtüchern verschiedener Qualität
1960, 45 Seiten, 6 Abb., 22 Tabellen, DM 13,20

HEFT 892
Dipl.-Ing. Herbert Schmidt, Krefeld
Untersuchung über die Wäschebewegung in Trommelwaschmaschinen unter besonderer Berücksichtigung der Reinigungswirkung und des Faserabriebs
1960, 28 Seiten, 9 Abb., DM 9,—

HEFT 960
Edith Schirmer und
Dipl.-Ing. Herbert Schmidt, Krefeld
Prüfung von Heimtrocknern (Trommeltrockner) auf Wirkungsgrad und Gewebeangriff
1961, 42 Seiten, 15 Abb., DM 13,50

HEFT 1120
Dr.-Ing. Oswald Viertel und
Dipl.-Ing. Eberhard Wagner,
Wäschereiforschung Krefeld
Ursachen der Fleckbildung beim Waschen mit optische Aufheller enthaltenden Waschmitteln und Möglichkeiten zur Beseitigung dieser Schwierigkeiten.
1962, 38 Seiten, 19 Abb., 1 Tabelle, DM 17,80

HEFT 1254
Dipl.-Chem. Harald Hedenetz und Dr.-Ing. Friedrich Dehnert, Forschungsstelle Chemiereinigung e.V., Krefeld
Vergrauungsfaktoren in der Chemischreinigung
1963, 69 Seiten, 8 Figurentafeln, 7 Tabellen, DM 32,50

HEFT 1275
Dr. Klaus Ziegler, Deutsches Wollforschungsinstitut an der Rhein.-Westf. Technischen Hochschule Aachen
Der Cysteinsäuregehalt der Wolle, seine Bestimmung und seine Veränderung durch Ausrüstungsprozesse *In Vorbereitung*

HEFT 1278
Prof. Dr.-Ing. Paul-August Koch und Dr. rer. nat. Maria Stratmann, Textilingenieurschule Krefeld
Verfahren zur Erkennung und Untersuchung von Chemiefaserstoffen: I. Polyacrylnitril- und Multipolymerisat-Faserstoffe
In Vorbereitung

HEFT 1283
Prof. Dr.-Ing. Walther Wegener und Dipl.-Ing. Günter Schubert, Institut für Textiltechnik der Rhein.-Westf. Technischen Hochschule Aachen
Einfluß verschiedener relativer Luftfeuchtigkeiten und Temperaturen auf die Laufverhältnisse, auf die Gleichmäßigkeit und auf die dynamometrischen Eigenschaften der gefertigten Garne
1963, 42 Seiten, 12 Abb., 14 Tabellen, DM 23,50

HEFT 1284
Dr. rer. nat. Dipl.-Ing. Eberhard F. Wagner, Wäschereiforschung e. V. Krefeld
Verhalten von Komplexfärbungen und -drucken gegenüber phosphathaltigen Waschmitteln sowie Waschechtheit von Pigmentfärbungen und -drucken
In Vorbereitung

HEFT 1285
Dipl.-Ing. H. Schmidt, Wäschereiforschung e. V., Krefeld
Theorie und Praxis des diskontinuierlichen und kontinuierlichen Spülens

HEFT 1286
Dipl-Ing. Oskar Becker, Institut für textile Meßtechnik Mönchengladbach
Untersuchungen an lederbezogenen Druckrollen für die Streckwerke von Spinnereimaschinen
In Vorbereitung

HEFT 1287
Dr. rer. nat. Hans Günther Fröhlich, Forschungsinstitut der Hutindustrie e. V., Mönchengladbach
Das Färben von Hutfilzen unterhalb Kochtemperatur unter Zusatz von Färbebeschleuniger
1963, 33 Seiten, 6 Abb., 13 Tabellen, DM 15,80

HEFT 1294
Dr. rer. nat. Carlo Maurer, Deutsches Wollforschungsinstitut an der Rhein.-Westf. Technischen Hochschule Aachen
Beitrag zur Schrumpffrei-Ausrüstung von Wolle
In Vorbereitung

HEFT 1298
Prof. Dr. rer. nat. Wilhelm Weltzien und Ph. D. Dr. rer. nat. Waman Achwal, Textilforschungsanstalt Krefeld
Die Bestimmung des Wassergehaltes mit Hilfe der Karl-Fischer-Methode in Harnstoff-Formaldehyd-Kunstharzen sowie in unbehandelten und in mit diesen Kunstharzen behandelten Geweben
In Vorbereitung

HEFT 1318
Dr. rer. nat. Dietrich Lenz, Dipl.-Chem. Harald Hedenetz und Dr.-Ing. Friedrich Dehnert, Forschungsstelle Chemischreinigung e. V., Krefeld
Untersuchungen zur Chemischreinigungs-Beständigkeit von Pigmentfarbstoff-Applikationen
In Vorbereitung

HEFT 1330
Prof. Dr. med. Heinrich Reploh, Hygiene-Institut der Universität Münster
Die Beeinflussung des Keimgehaltes durch Waschen bei niederen Temperaturen (20-60 °C)
In Vorbereitung

Textilprüfverfahren, Textilprüfgeräte

HEFT 17
Obering. Herbert Stein, Mönchengladbach
Vergleichende Prüfung mit verschiedenen Dickenmeßgeräten (1. Bericht der Reihe: Untersuchungen der Verzugsvorgänge an den Streckwerken verschiedener Spinnereimaschinen)
1952, 36 Seiten, 15 Abb., DM 8,—

HEFT 18
Dipl.-Ing. Heinz Vollenbruck, Krefeld
Grundlagen zur Erfassung der chemischen Schädigung beim Waschen
1953, 68 Seiten, 15 Abb., 15 Tabellen, DM 12,75

HEFT 26
Dipl.-Ing. Waldemar Rohs und Textil-Ing. Gustav Heller, Bielefeld
Vergleichende Untersuchungen zweier neuzeitlicher Ungleichmäßigkeitsprüfer für Bänder und Garne hinsichtlich ihrer Eignung für die Bastfaserspinnerei
1953, 64 Seiten, 30 Abb., DM 12,50

HEFT 85
Prof. Dr. rer. nat. Wilhelm Weltzien und Dr. rer. nat. habil. Johannes Juilfs, Krefeld
Physikalische Untersuchungen an Fasern, Fäden, Garnen und Geweben:
Untersuchungen am Knickscheuergerät nach Weltzien
1954, 40 Seiten, 11 Abb., 8 Tabellen, DM 10,—

HEFT 199
Dr. rer. nat. habil. Johannes Juilfs, Krefeld
Die Messung von Gewebetemperaturen mittels Temperaturstrahlung
1955, 50 Seiten, 12 Abb., DM 10,90

HEFT 302
Prof. Dr.-Ing. Walther Wegener und
Dipl.-Ing. Willi Zahn, Aachen
Untersuchungen von gesponnenen Garnen auf ihre Gleichmäßigkeit nach verschiedenen Meßmethoden
1956, 58 Seiten, 34 Abb., 1 Tabelle, DM 15,20

HEFT 307
Dr. rer. nat. habil. Johannes Juilfs, Krefeld
Vergleichende Untersuchungen zur elastischen und bleibenden Dehnung von Fasern
1956, 36 Seiten, 11 Abb., DM 8,30

HEFT 308
Dr. rer. nat. habil. Johannes Juilfs, Krefeld
Zur Messung der Fadenglätte
1956, 22 Seiten, 10 Abb., 2 Tabellen, DM 8,—

HEFT 358
Prof. Dr. rer. nat. Wilhelm Weltzien, Dipl.-Chem. Paul Ringel und Text.-Ing. Hans Kirchhoff, Krefeld
Die Waschechtheit von Färbungen. Vergleichende Untersuchungen auf dem Gebiete der Echtheitsprüfung
1958, 26 Seiten, 12 Farbtafeln, DM 58,—

HEFT 381
Dr. rer. nat. habil. Johannes Juilfs, Krefeld
Zur Dichtbestimmung von Fasern. Methoden und Beispiele der praktischen Anwendung
1957, 76 Seiten, 34 Abb., 18 Tabellen, DM 17,—

HEFT 436
Dr. rer. nat. habil. Johannes Juilfs, Krefeld
Zur Bestimmung der Reißlast (Zugfestigkeit) von Fasern, Fäden und Garnen
1959, 26 Seiten, 7 Abb., 5 Tabellen, DM 8,60

HEFT 499
Dr. rer. nat. habil. Johannes Juilfs, Krefeld
Die Bestimmung des Wasserrückhaltevermögens (bzw. des Quellwertes) von Fasern
1958, 42 Seiten, 8 Abb., 8 Tabellen, DM 10,35

HEFT 500
Dr. rer. nat. habil Johannes Juilfs, Krefeld
Vergleichende Untersuchungen am Schopper-Scheuerprüfgerät
1958, 60 Seiten, 34 Abb., verschied. Tabellen, DM 18,10

HEFT 633
Prof. Dr.-Ing. Walther Wegener und
Dipl.-Ing. Egon Haase-Deyerling, Aachen
Entwicklung und Bau eines vollautomatischen Faserlängenprüfgerätes (Stapelprüfgerät) auf kapazitiver Grundlage, Erprobungen dieses Gerätes und Vergleich mit den bislang üblichen Verfahren auf manueller Basis
1958, 36 Seiten, 15 Abb., 5 Tabellen, DM 10,10

HEFT 700
Obering. Herbert Stein, Mönchengladbach
Zugprüfungen an Textilien mit einer weglosen, elektronischen Kraftmeßeinrichtung
1958, 103 Seiten, 62 Abb., 3 Tabellen, DM 32,—

HEFT 730
Obering. Herbert Stein und
Dipl.-Phys. Siegfried Hobe, Mönchengladbach
Gerät zum Auffinden von Fadenverdickungen bei hohen Prüfgeschwindigkeiten
1959, 56 Seiten, 28 Abb., 2 Tabellen, DM 14,80

HEFT 817
Dr. rer. nat. Hansjürgen Kessler, Aachen
Die Zwei- und Dreifaseranalyse auf Grund der Bestimmung von Cystin und Stickstoff
1960, 28 Seiten, DM 8,70

Betriebswirtschaftliche Untersuchungen auf dem Textilgebiet

HEFT 186
Dr. rer. pol. Erich Wedekind, Textil-Ing. Peter Dämkes und Wolfgang v. d. Mark, Krefeld
Untersuchung zur Arbeitsgestaltung bei der Fertigstellung von Oberhemden in gewerblichen Wäschereien *1955, 124 Seiten, 28 Abb., 6 Tabellen, 2 Falttafeln, DM 12,—*

HEFT 197
Dr. rer. pol. Erich Wedekind und
Textil-Ing. Wilhelm Gartz, Krefeld
Untersuchungen zur Bestimmung der optimalen Arbeitsplatzgröße bei Mehrstuhlarbeit in der Weberei
1955, 92 Seiten, 34 Abb., DM 18,50

HEFT 631
Dr. rer. pol. Erich Wedekind und
Textil-Ing. Wilhelm Gartz, Krefeld
Der Einfluß der Automatisierung auf die Struktur der Maschinen und Arbeiterzeiten am mehrstelligen Arbeitsplatz in der Textilindustrie
1958, 86 Seiten, 34 Abb., DM 21,10

HEFT 715
Dr. rer. pol. Erich Wedekind,
Textil-Ing. Fritz Kuntze und
Textil-Ing. Peter Dämkes, Krefeld
Die Auftragsplanung und Arbeitsorganisation in gewerblichen Wäschereien
1959, 116 Seiten, 25 Abb., DM 29,50

HEFT 827
Dr.-Ing. Egon Sattler,
Verband Deutscher Streichgarnspinner, Düsseldorf
Disposition mit Arbeitsvorbereitung in der einstufigen (Verkaufs-) Streichgarnspinnerei
1960, 60 Seiten, DM 15,90

HEFT 828
Textil-Ing. C. Brzeskiewicz,
Verband der Deutschen Tuch- und Kleiderstoffindustrie e. V., Köln
Disposition mit Arbeitsvorbereitung und Vertriebsvorbereitung in der Tuch- und Kleiderstoffindustrie *1960, 67 Seiten, 8 Anlagen, DM 17,90*

HEFT 874
Dr. rer. pol. Erich Wedekind und
Textil-Ing. Hartmut Kokerbeck, Krefeld
Untersuchungen über rationelle Arbeitsweisen bei Preß- und Bügelvorgängen in Chemisch-Reinigungsbetrieben *1960, 102 Seiten, 17 Abb., zahlr. Tabellen, DM 26,50*

HEFT 1237
Verband Deutscher Streichgarnspinner e.V., Düsseldorf
Betriebsvergleich in den Streichgarnspinnereien, Teil I, bearbeitet vom Forschungsinstitut für Rationalisierung an der Rhein.-Westf. Techn. Hochschule Aachen, Direktor: Prof. Dr.-Ing. J. Mathieu
In Vorbereitung

Volkswirtschaftliche Untersuchungen auf dem Textilgebiet

HEFT 222
Dr. rer. pol. Lutz Köllner und
Dipl.-Volksw. Manfred Kaiser, Münster
Die internationale Wettbewerbsfähigkeit der westdeutschen Wollindustrie
1956, 214 Seiten, 5 Abb., DM 39,50

HEFT 323
Prof. Dr. Rudolf Seyffert, Köln
Wege und Kosten der Distribution der Textilien, Schuh- und Lederwaren
1956, 98 Seiten, 37 Tabellen, 1 Falttafel, DM 12,—

HEFT 607
Dr. rer. pol. Hyronimus Schlachter, Münster
Die Wettbewerbslage der westdeutschen Juteindustrie
1958, 137 Seiten, 35 Tabellen, DM 32,—

HEFT 819
Dipl.-Volksw. Dr. rer. pol. Heinz Hubert Kaup, Münster
Einkommen und Textilverbrauch
1960, 92 Seiten, 34 Tabellen, DM 23,20

HEFT 911
Dr. rer. pol. Hannedore Kahmann und
Dipl.-Volksw. Renate Papke, Münster (Westf.)
Langfristige Strukturwandlungen und Anpassungsprozesse der britischen Baumwollindustrie unter dem Einfluß der Industrialisierung in Indien und anderen asiatischen Ländern
1960, 120 Seiten, 38 Tabellen, DM 31,20

HEFT 1036
Dipl.-Kfm. Dr. Eduard Terrahe, Münster
Möglichkeit und Grenzen einer Rationalisierung und Automatisierung in der westdeutschen Baumwollrohweberei. Ein Beitrag zur Beurteilung ihrer Wettbewerbsfähigkeit gegenüber USA, Japan und Indien
1961, 232 Seiten, 51 Tabellen, DM 49,—

HEFT 1069
Dipl.-Volksw. Dr. Wolfgang Rothe
Internationaler Preis- und Kaufkraftvergleich für Bekleidung in Ländern des gemeinsamen Marktes und der Freihandelszone
1962, 226 Seiten, zahlr. Tabellen, DM 43,—

HEFT 1115
Dipl.-Volksw. Dr. Wilhelm Kurth,
im Auftrage der Forschungsstelle für allgemeine und textile Marktwirtschaft an der Universität Münster
Vermögensbestand und Kapitalbedarf in einigen Zweigen der Textilindustrie.
1962, 146 Seiten, 9 Abb., 33 Tabellen, DM 52,—

HEFT 1234
Dipl.-Volkswirt Dr. Klaus Hoffarth,
Forschungsstelle für allgemeine und textile Marktwirtschaft an der Universität Münster
Lagerhaltung und Konjunkturverlauf in der Textilwirtschaft
1963, 127 Seiten, 35 Abb., 18 Tabellen, DM 52,—

Verzeichnisse der Forschungsberichte aus folgenden Gebieten können beim Verlag angefordert werden: Acetylen/Schweißtechnik – Arbeitswissenschaft – Bau/Steine/Erden – Bergbau – Biologie – Chemie – Eisenverarbeitende Industrie – Elektrotechnik/Optik – Energiewirtschaft – Fahrzeugbau/Gasmotoren – Farbe/Papier/Photographie – Fertigung – Funktechnik/Astronomie – Gaswirtschaft – Holzbearbeitung – Hüttenwesen/Werkstoffkunde – Kunststoffe – Luftfahrt/Flugwissenschaften – Luftreinhaltung – Maschinenbau – Mathematik – Medizin/Pharmakologie/NE-Metalle – Physik – Rationalisierung – Schall/Ultraschall – Schiffahrt – Textiltechnik/Faserforschung/Wäschereiforschung – Turbinen – Verkehr – Wirtschaftswissenschaft.

Die Arbeitsgemeinschaft für Forschung des Landes Nordrhein-Westfalen vereinigt unabhängige Wissenschaftler in einer Gemeinschaftsarbeit. Führende Fachleute aller Fakultäten haben sich zusammengefunden, um in persönlichem Kontakt und über die Grenzen des Fachgebietes hinaus Wege zu größeren Übersichten auf wissenschaftlichem Gebiet zu bahnen. Die Arbeitsgemeinschaft vereinigt die Vertreter der Grundlagenforschung und der Zweckforschung.

Die Ergebnisse der Forschungsarbeit werden auf den monatlichen Sitzungen von Fachwissenschaftlern vorgetragen und dann mit den Mitgliedern der Arbeitsgemeinschaft diskutiert. Um die wertvollen Ergebnisse dieser Sitzungen über den Mitgliederkreis hinaus allen interessierten Stellen zugänglich zu machen, werden diese in einer besonderen Schriftenreihe veröffentlicht. Die Veröffentlichungen der AGF gliedern sich in eine naturwissenschaftliche und geisteswissenschaftliche Reihe. Unabhängig davon erscheinen die Forschungsberichte.

VERÖFFENTLICHUNGEN DER ARBEITSGEMEINSCHAFT FÜR FORSCHUNG

DES LANDES NORDRHEIN-WESTFALEN

Herausgegeben im Auftrage des Ministerpräsidenten Dr. Franz Meyers
von Staatssekretär Prof. Dr. h. c. Dr.-Ing. E. h. Leo Brandt

Geisteswissenschaftliche Reihe

HEFT 1
Prof. Dr. Werner Richter, Bonn
Von der Bedeutung der Geisteswissenschaften für die Bildung unserer Zeit
Prof. Dr. Joachim Ritter, Münster
Die Lehre vom Ursprung und Sinn der Theorie bei Aristoteles
1953, 64 Seiten, kartoniert DM 2,90

HEFT 6
Prälat Prof. Dr. Dr. h. c. Georg Schreiber, Münster
Deutsche Wissenschaftspolitik von Bismarck bis zum Atomwissenschaftler Otto Hahn
1954, 102 Seiten, 7 Abb., kartoniert DM 5,—

HEFT 15
Prof. Dr. Franz Steinbach, Bonn
Der geschichtliche Weg der wirtschaftenden Menschen in die soziale Freiheit und politische Verantwortung
1954, 76 Seiten, kartoniert DM 2,90

HEFT 20
Prof. Dr.Ludwig Raiser, Bad Godesberg
Rechtsfragen der Mitbestimmung
1954, 48 Seiten, kartoniert DM 2,—

HEFT 25
Prof. Dr. Hans Peters, Köln
Die Gewaltentrennung in moderner Sicht
1954, 48 Seiten, kartoniert DM 2,20

HEFT 49
Prof. D. Dr. Friedrich Karl Schumann, Münster
Mythos und Technik
1958, 60 Seiten, kartoniert DM 4,—

HEFT 52
Prof. Dr. Hans J. Wolff, Münster
Die Rechtsgestalt der Universität
1956, 48 Seiten, kartoniert DM 2,65

HEFT 66
Prof. Dr. Werner Conze, Münster
Die Strukturgeschichte des technisch-industriellen Zeitalters als Aufgabe für Forschung und Unterricht
1957, 52 Seiten, kartoniert DM 2,70

HEFT 72
Prof. Dr. Josef Pieper, Essen
Über den Begriff der Tradition
1958, 66 Seiten, kartoniert DM 3,70

HEFT 79
Prof. Dr. Paul Gieseke, Bad Godesberg
Eigentum und Grundwasser
1959, 32 Seiten, kartoniert DM 2,60

HEFT 80
Prof. Dr. Dr. Werner Richter, Bonn
Wissenschaft und Geist in der Weimarer Republik
1958, 32 Seiten, kartoniert DM 2,60

HEFT 85
André George, Paris
Der Humanismus und die Krise der Welt von heute
1959, 40 Seiten, kartoniert DM 2,70

Naturwissenschaft · Technik · Wirtschaft

HEFT 2
Prof. Dr.-Ing. Wolfgang Riezler, Bonn
Probleme der Kernphysik
Prof. Dr. Fritz Micheel, Münster
Isotope als Forschungsmittel in der Chemie und Biochemie
1951, 40 Seiten, 10 Abb., kartoniert DM 2,40

HEFT 8
Prof. Dr.-Ing. Wilhelm Fucks, Aachen
Die Naturwissenschaft, die Technik und der Mensch
Prof. Dr. Walther Hoffmann, Münster
Wirtschaftliche und soziologische Probleme des technischen Fortschrittes
1952, 84 Seiten, 12 Abb., kartoniert DM 4,80

HEFT 12
Dr. Hermann Rathert, Wuppertal-Elberfeld
Entwicklung auf dem Gebiet der Chemiefaser-Herstellung
Prof. Dr. Wilhelm Weltzien, Krefeld
Rohstoff und Veredelung in der Textilwirtschaft
1952, 84 Seiten, 29 Abb., kartoniert DM 4,80

HEFT 16
Prof. Dr. Dr. h. c. Rudolf Seyffert, Köln
Die Problematik der Distribution
Prof. Dr. Theodor Beste, Köln
Der Leistungslohn
1952, 70 Seiten, 1 Abb., kartoniert DM 3,50

HEFT 20
M. Zvegintzov, London
Wissenschaftliche Forschung und die Auswertung ihrer Ergebnisse
Ziel und Tätigkeit der National Research Development Corporation
Dr. Alexander King, London
Wissenschaft und internationale Beziehungen
1954, 88 Seiten, kartoniert DM 4,20

HEFT 21a
Prof. Dr. Dr. h. c. Otto Hahn, Göttingen
Die Bedeutung der Grundlagenforschung für die Wirtschaft
Prof. Dr. Siegfried Strugger, Münster
Die Erforschung des Wasser- und Nährsalztransportes im Pflanzenkörper mit Hilfe der fluoreszenzmikroskopischen Kinematographie
1953, 74 Seiten, 26 Abb., kartoniert DM 5,—

HEFT 22
Prof. Dr. Johannes von Allesch, Göttingen
Die Bedeutung der Psychologie im öffentlichen Leben
Prof. Dr. Otto Graf, Dortmund
Triebfedern menschlicher Leistung
1953, 80 Seiten, 19 Abb., kartoniert DM 4,—

HEFT 38
Dr. Colin E. Cherry, London
Kybernetik. Die Beziehung zwischen Mensch und Maschine
Prof. Dr. Erich Pietsch, Clausthal-Zellerfeld
Dokumentation und mechanisches Gedächtnis — zur Frage der Ökonomie der geistigen Arbeit
1954, 108 Seiten, 31 Abb., kartoniert DM 5,25

HEFT 46
Prof. Dr. Wilhelm Weltzien, Krefeld
Ausblick auf die Entwicklung synthetischer Fasern
Prof. Dr. Walther G. Hoffmann, Münster
Wachstumsprobleme der Wirtschaft
1959, 82 Seiten, 6 Abb., kartoniert DM 5,40

HEFT 47
Staatssekretär Prof. Dr. h. c. Dr.-Ing. E. h. Leo Brandt, Düsseldorf
Die praktische Förderung der Forschung in Nordrhein-Westfalen
Prof. Dr. Ludwig Raiser, Bad Godesberg
Die Förderung der angewandten Forschung durch die Deutsche Forschungsgemeinschaft
1957, 108 Seiten, 82 Abb., kartoniert DM 9,55

HEFT 75
Prof. Dr. Wilhelm Klemm, Münster
Neue Wertigkeitsstufen bei Übergangselementen
Prof. Dr.-Ing. Helmut Zahn, Aachen
Die Wollforschung in Chemie und Physik von heute
1960, 87 Seiten, 21 Abb., 23 Tabellen, kartoniert DM 8,40

HEFT 86
Prof. Dr.-Ing. Paul Denzel, Aachen
Technische Probleme der Energieumwandlung und -fortleitung
1960, 28 Seiten, 5 Abb., kartoniert DM 2,40

WESTDEUTSCHER VERLAG · KÖLN UND OPLADEN
567 Opladen/Rhld., Ophovener Straße 1-3

GPSR Compliance
The European Union's (EU) General Product Safety Regulation (GPSR) is a set of rules that requires consumer products to be safe and our obligations to ensure this.

If you have any concerns about our products, you can contact us on

ProductSafety@springernature.com

In case Publisher is established outside the EU, the EU authorized representative is:

Springer Nature Customer Service Center GmbH
Europaplatz 3
69115 Heidelberg, Germany

www.ingramcontent.com/pod-product-compliance
Ingram Content Group UK Ltd.
Pitfield, Milton Keynes, MK11 3LW, UK
UKHW061658190726
13853UKWH00008B/2271

* 9 7 8 3 6 6 3 0 6 4 1 9 0 *